车辆碰撞事故再现仿真分析方法

李文勇　王钟誉　张元青　王涛　/ 著

西南交通大学出版社
·成　都·

图书在版编目（CIP）数据

车辆碰撞事故再现仿真分析方法 / 李文勇等著. —成都：西南交通大学出版社，2021.3
ISBN 978-7-5643-7826-4

Ⅰ. ①车… Ⅱ. ①李… Ⅲ. ①汽车 – 交通运输事故 – 计算机仿真 – 分析方法 Ⅳ. ①U491.31-39

中国版本图书馆 CIP 数据核字（2020）第 222253 号

Cheliang Pengzhuang Shigu Zaixian Fangzhen Fenxi Fangfa
车辆碰撞事故再现仿真分析方法

李文勇
王钟誉
张元青　著
王　涛

责任编辑　张宝华
封面设计　GT 工作室

印张	13.75　字数　205千	出版发行	西南交通大学出版社
成品尺寸	170 mm × 230 mm	网址	http://www.xnjdcbs.com
版次	2021年3月第1版	地址	四川省成都市二环路北一段111号西南交通大学创新大厦21楼
印次	2021年3月第1次	邮政编码	610031
印刷	四川煤田地质制图印刷厂	发行部电话	028-87600564　028-87600533
书号	ISBN 978-7-5643-7826-4	定价	68.00元

图书如有印装质量问题　本社负责退换
版权所有　盗版必究　举报电话：028-87600562

前 言

随着我国经济社会的快速发展和小康社会的全面建成,车辆已进入普通家庭。机动车保有量和机动化出行比例的提升,不仅造成道路的交通拥挤,也增加了车辆碰撞事故的发生频率。车辆碰撞事故发生后,重点是要解决事故责任划分问题,其中,事故再现分析是进行责任明晰的主要方法。从理论上讲,经过现场勘查、参数计算,借助实车碰撞还原事故发生真相比较直接、客观,但耗费资源较大,且不宜做反复调整及测试。而借助计算机仿真技术进行车辆碰撞事故再现研究,具有低成本、可重复、易操作等特点,仿真结果作为事故主要或辅助认定依据,具备一定现实操作价值。因此,运用计算机仿真技术,进行车辆碰撞事故再现仿真分析已成为判定明晰车辆碰撞事故原因并进行事故责任划分的重要途径之一。

目前,国内外车辆碰撞事故再现仿真,从宏观上主要验证事故始末状态是否一致,在动力学、碰撞理论、碰撞模型、碰撞过程、仿真技术等方面开展前沿性交叉创新研究。从微观上主要校对事故各类参数是否准确,在事故主要初始参数的获取方面进行各类方法的探究;但限于实际操作中碰撞现场的不规则、不完整,无法惯用一套特定的方法来确定参数。鉴于此,本著作将事故参数作为仿真再现分析的载体和链接点,以某个或多个事故参数为切入点,借助仿真平台,分别提出了"正向""反向""正反结合"的车辆碰撞再现分析方法,并进行对比分析,以验证碰撞参数的准确性,进而还原车辆碰撞事故各个进程中的状态,提出优化改进措施。

本著作主要内容包括：（1）对车辆碰撞模型及理论进行了研究分析，基于简化仿真模型，提出了车辆碰撞事故再现仿真优化理论。（2）对事故参数进行概括分类，通过控制变量法比对关联参数的敏感度，总结和归纳了事故再现相关参数初始值的获取方法。（3）通过 RADIOSS 和 Pc-crash 等软件，构建了事故正反再现模型，提出了基于事故正反再现的车辆碰撞参数仿真分析方法。（4）基于 Image Modeler 三维建模软件的碰撞车辆变形量的测量方法，以及基于能量网格图的碰撞前速度反推方法，提出了基于车辆碰撞变形能量分析的再现仿真分析新方法。（5）提出了基于动态显式有限元分析的再现仿真分析方法，在 HyperWorks/LS-DYNA 环境下建立"厢式货车-W 型护栏"的碰撞分析模型；通过改变初始碰撞速度和碰撞角度对厢式货车与护栏的碰撞过程进行仿真模拟，分析了不同因素对护栏防护能力的影响，提出了碰撞护栏的改进措施。

　　本著作是在项目组成员研究成果的基础上综合整理而成的。除了著作者之外，主要成员还包括张杨、朱建武、程鹏燕等，在此表示感谢！同时也对本著作参考的参考文献的作者一并表示感谢！

　　本著作对车辆碰撞事故仿真方法进行了一定的理论和工程实用技术研究，研究成果可为车辆碰撞事故再现分析、事故原因分析以及事故责任判断等提供理论和技术支持。限于作者水平，书中难免有不足和疏漏之处，敬请读者批评指正。

李文勇

2019 年 12 月于桂林电子科技大学

目 录

1 车辆碰撞事故分析方法 ···001
1.1 车辆碰撞事故简介 ···001
1.2 国内外车辆碰撞事故分析及再现方法 ·················002
1.3 常用技术方法 ··004

2 车辆碰撞事故再现分析的理论基础 ·····················006
2.1 车辆碰撞事故模型 ··006
2.2 车辆碰撞理论 ··015
2.3 车辆碰撞事故再现仿真优化理论流程图 ··············019

3 车辆碰撞事故参数分析 ···020
3.1 参数的定义与分类 ··020
3.2 参数敏感度评定 ···021
3.3 重要参数初始值的获取方法 ··································041

4 基于事故正反再现的车辆碰撞参数仿真分析 ·······056
4.1 基于动量/冲量守恒的事故车辆模型的建立 ···········056

4.2 基于轮胎印迹的事故正反再现方法分析 ·················· 061
4.3 仿真分析及优化 ······································· 074

5 基于车辆碰撞变形能量分析的再现仿真分析方法 ············ 091

5.1 车辆碰撞能量分析基础 ································· 091
5.2 车辆碰撞变形量的测量方法研究 ························· 097
5.3 基于能量网格图的车辆碰撞速度反推模型研究 ············· 118
5.4 基于有限元模拟仿真的车辆变形能量分析 ················· 131
5.5 仿真分析及优化 ······································· 148

6 基于动态显式有限元分析的再现仿真方法研究 ·············· 154

6.1 动态显式有限元基本理论 ······························· 154
6.2 厢式货车与 W 型护栏有限元模型的建立 ················· 164
6.3 建立"厢式货车-W 型护栏"耦合体系 ···················· 177
6.4 厢式货车碰撞 W 型护栏的仿真分析及护栏优化 ··········· 186

参考文献 ··· 206

1 车辆碰撞事故分析方法

1.1 车辆碰撞事故简介

在我国全面建成小康社会之际,普通百姓消费能力大大加强,物质生活水平不断提高,最直接的反映就是小轿车等出行工具走进了寻常百姓家庭,这也使得我国机动车保留量持续多年增长。公安部交通管理局官方微博和公安部网站相继发布统计数据[1],2018 年,全国新注册登记机动车3214 万辆,机动车保有量已达 3.48 亿辆,其中,汽车 2.5 亿辆,小型载客汽车首次突破 2.2 亿辆;机动车驾驶人达 4.35 亿人,其中,汽车驾驶人 3.97亿人。每年增加大量的车辆上路,不仅给交通带来了不堪的拥堵压力,更导致车辆碰撞事故频繁发生。国家统计局[2]公布的 2014—2019 年机动车交通事故数据显示(见表 1.1),事故带来了一系列严重的社会问题及家庭影响。那么怎样才能有效减轻车辆碰撞事故这种无法避免的问题所带来的社会压力,这就要在事故的防控方面采取积极措施,其中,重点是要解决事故发生后责任划分的问题。因此,车辆事故再现分析显得尤为重要。

表 1.1 2014—2019 年国家统计局统计的机动车交通事故表

年份	发生数/起	死亡人数/人	受伤人数/人	直接财产损失/万元
2014	180 321	54 944	194 887	103 386
2015	170 130	54 279	181 528	98 928.6
2016	192 585	58 803	205 355	114 586.4
2017	182 343	59 166	188 585	115 556.2
2018	216 178	58 091	227 438	131 024
2019	247 646	62 736	256 101	134 617.9

中国统计年鉴。

1.2 国内外车辆碰撞事故分析及再现方法

车辆碰撞事故分析属于多学科交叉研究，其综合性体现在理论运用、数据采集、方法研究、技术辅助等方面。欧美国家开展车辆碰撞事故再现方面的研究较早，而我国在这方面的研究较晚，但符合我国自身的特点。

1974 年，Campbell 等[3]通过长期的车辆实碰试验，经过对比分析实车碰撞数据，得出了获得等效壁障碰撞速度的办法。

1986 年，Grimes W 等[4]运用相机逆投影方法，对车辆碰撞变形区域进行拍摄，经过分析变形的多张照片得到了车辆碰撞变形位移的数据，并将之应用于车辆事故再现中。

1990 年，Aloke 等[5]基于美国国家公路交通安全管理局（NHTSA）提供的新车碰撞测试（NCAP）数据以及美国公路安全保险协会提供的车辆低速碰撞数据，建立了一种正面碰撞和追尾碰撞中车辆变形吸收能量的数学模型，并结合 Campbell 理论，提出了车辆碰撞变形六点测量方法。

1996 年，Yang 等[6]运用有限元方法对两车侧面碰撞模拟试验进行了长期研究，通过分析模型仿真变形与事故车辆变形数据并对比，得出了碰撞车辆在碰撞过程中的动力学参数。

1999 年，Rentschler W 等[7]运用高分辨率数码相机对碰撞车辆采集碰撞信息，并通过摄影测量算法和图像处理法，尝试运用一种光学系统来分析事故车辆的三维变形。

2006 年，Coon 等[8]利用典型事故案例，借助常用的有限元方法，对汽车模型与护栏进行碰撞仿真分析，通过塑性变形特征来推断汽车碰撞护栏前的行驶速度。

2009 年，Dario Vangi 等[9]在学界研究的基础上，提出了主变形方向（PDOD）方法，有效地解决了斜碰撞车辆变形的计算问题。

2010 年，上海交通大学徐炯等[10]综合运用变形/能量方法、摄影测量方法和多刚体动力学方法，建立了车辆和事故现场模型，并进行事故现场数值仿真再现，证明了方法和模型的有效性。

2011 年，哈尔滨工业大学曹戈[11]建立了碰撞动力学模型与轨迹模型，开发了道路交通事故仿真分析与再现系统，利用该系统进行了实际事故案例的再现分析，并将其分析结果与 Pc-crash 软件的再现分析结果进行了对比研究。

2012 年，天津大学陈强等[12]以二维碰撞模型和车辆轨迹模型为计算模型，提出一种改进的车辆事故再现蒙特卡罗优化算法。他用提出的改进算法和 Pc-crash 中的优化方法同时对一算例进行优化，验证了改进算法在准确度和稳定性等方面均优于 Pc-crash 中的方法。

2013 年，广东警察学院张勇刚等[13]提出一种推算事故车辆行驶速度的两步法，即先用图解法确定碰撞前车速并据此求出恢复系数，同时对恢复系数及碰撞中心参数进行调整；然后求出满足期望的最优解，验证了该方法的准确度高、稳定性好。

2014 年，华南理工大学张勇刚[14]重点探索了基于车车碰撞事故的再现流程以及基于车辆侧滑事故的再现流程，提出了以上两种事故车辆速度预估的简单方法，首次利用有视频监控的事故案例对 Pc-crash 仿真结果进行验证及探索。

2015 年，长安大学谢金坤[15]对车身变形区域使用手持式三维扫描仪进行扫描，形成变形区域的点云数据模型，再利用 Geomagic 获取了变形区域变形量，使用塑性变形量的计算模型推算出碰撞瞬间车速。

2016 年，长沙理工大学邹铁方[16]以多车碰撞事故为研究对象，建立了基于 Pc-crash 的事故再现仿真分步方法，以降低再现分析难度、确保再现结果可靠性为目的，将复杂的多车碰撞过程划分为多个两车碰撞过程，实现了分步再现。

可见，车辆碰撞事故再现分析在理论研究和技术运用方面不断取得新成果，特别是计算机模拟技术非常实用，很多专业的交通事故再现仿真软件陆续诞生，并应用到交通事故分析中。

20 世纪 70 年代，美国基于车辆变形与变形能量之间的关系，开发了基于实车碰撞试验数据的交通碰撞事故再现软件 SMAC 和 CRASH。其中 SMAC 软件是根据事故车辆在碰撞后的最终位置、损害程度及路面痕迹来研究再现车辆碰撞之前的初始状态和碰撞过程[17-19]。随着计算机技术的快速发展，美国又相继研发了 CRASH 软件[20-21]，该软件主要应用于分析碰撞速度及碰撞过程中的车速变化，并通过车辆的损坏程度来分析损坏原因。

欧洲开发了一款事故仿真软件 EES-ARM（Equivalent Energy Speed-Accident Reconstruction Methods），该软件是运用车体变形中的能量变换来进行事故仿真[22-23]。Pc-crash 为奥地利 DSD 公司研制的专用于道路交通事故分析的软件[24]，是目前世界上普遍运用的道路事故再现软件。Pc-crash 软件中应用的是基于动量守恒和冲量守恒的碰撞模型，拥有强大的车辆数据库和 Optimization 迭代工具[25]，同时以三维方式再现事故发生的过程。国外运用有限元碰撞模拟仿真技术对车辆碰撞进行分析相对成熟，常采用 HyperMesh、LS-DYNA 等软件对汽车碰撞进行研究。

目前，常用的一些事故仿真软件的具体介绍如表 1.2[26]所示。

表 1.2 事故分析软件的原理及特点

事故分析系统软件	CRASH CARS EES-ARM IMPAC 其他	SMAC Pc-crash CRASH EES-ARM 其他
碰撞模型	动量守恒模型	能量守恒模型
特点	原则上不需要车体变形特性 必须有碰撞面的约束条件 不能再现车体变形状态 不能求得碰撞作用阶段有关时间历程的数据 碰撞解析可逆	需要车体变形特性 不需要碰撞面的约束条件 可再现车体变形形态 可求得碰撞作用阶段有关时间历程的数据（如加速度和速度随时间变化历程） 碰撞解析不可逆

1.3 常用技术方法

常用的车辆碰撞事故再现仿真技术方法中，将碰撞参数作为事故分析再现的关键载体和作用链接点。通常采取两种方法：一种是由原因推出结果，这是正向模拟的方法，借助碰撞和数学模型侧重道路、环境、车辆、驾驶人操作行为分析；另一种是由结果推出原因，这是逆向解析的方法，依托计算机平台对车辆运动轨迹、停止位置、变形和乘客伤害的吻合程度分析。这两种方法都以事故参数作为研究载体。当然，将正、反向方法结合起来分析在特定环境下是可探索的。通过仿真等校验方式比对结果，并经过反复修正后得出最优的事故参数，可以真实且准确地对一起车辆碰撞事故进行再现。

2 车辆碰撞事故再现分析的理论基础

2.1 车辆碰撞事故模型

车对车的碰撞一般分为一维碰撞、二维碰撞、三维碰撞三种碰撞模型。

2.1.1 一维碰撞

正面碰撞和追尾碰撞又称为"一维碰撞",指的是碰撞点在车中轴线上[27]。一维碰撞示意图如图 2.1 所示,其中(a)图是发生正面碰撞事故的示意图,(b)图是发生追尾碰撞事故的示意图。两辆相向而行的机动车发生碰撞,即正面碰撞,多发于前方视线不好的情况下超车或变道。而追尾碰撞多发于前方车辆突然减速,后方车辆没有及时反应并采取减速措施导致。

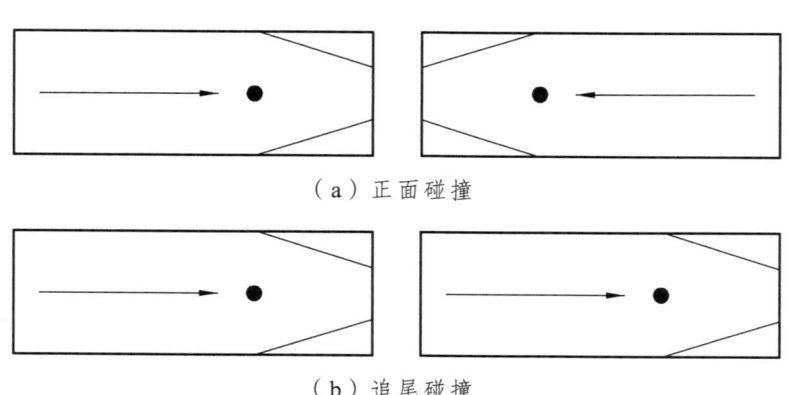

(a)正面碰撞

(b)追尾碰撞

图 2.1 一维碰撞种类

1. 正面碰撞

根据车辆碰撞发生反弹的具体情况,可以将碰撞分为:机械能守恒的弹性碰撞、发生明显变形的塑性碰撞和非弹性碰撞[28]。因为要考虑碰撞物体是否存在形变，所以碰撞形式可以用恢复系数来表示[29]：

$$e = \frac{v_2 - v_1}{v_{10} - v_{20}} \tag{2-1}$$

式中，v_1 与 v_2 分别为发生碰撞后两车的速度；v_{10} 与 v_{20} 分别为发生碰撞前两车的瞬时速度。

若发生碰撞事故的两车质量不相等，则碰撞过程中某一时刻两车的瞬时速度必然相等，为 v_c。由动量守恒定律可知：

$$m_1 v_{10} + m_2 v_{20} = (m_1 + m_2) v_c \tag{2-2}$$

则

$$v_c = \frac{m_1 v_{10} + m_2 v_{20}}{m_1 + m_2} \tag{2-3}$$

式中，m_1 与 m_2 分别为碰撞车辆和被碰撞车辆的质量；v_c 为碰撞过程中，两车瞬时速度相等时的速度值。

因此，车辆 1 的速度变化为：

$$v_{e1} = v_{10} - v_c = \frac{m_2}{m_1 + m_2}(v_{10} - v_{20}) \tag{2-4}$$

车辆 2 的速度变化为：

$$v_{e2} = v_{20} - v_c = \frac{m_1}{m_1 + m_2}(v_{20} - v_{10}) \tag{2-5}$$

当两辆机动车发生正碰时，两车的速度在极短时间内发生变化，根据动量定理 $Ft = m\Delta v$，由于时间极小，所以作用力极大，可以忽略摩擦力等外力，得：

$$m_1 v_{10} + m_2 v_{20} = m_1 v_1 + m_2 v_2 \tag{2-6}$$

式中，m_1, m_2 包括碰撞两车的全部质量，由公式（2-1）和（2-6）求得碰撞后两车的瞬时速度：

$$v_1 = v_{10} - \frac{m_2}{m_1 + m_2}(1 + e)(v_{10} - v_{20}) \tag{2-7}$$

$$v_2 = v_{20} + \frac{m_1}{m_1 + m_2}(1+e)(v_{10} - v_{20}) \qquad (2\text{-}8)$$

式中明确指出，碰撞后两车的速度取决于两车质量、初速度和恢复系数。当 $e=0$ 时，两车碰撞后速度变为：

$$\Delta v_1 = v_{10} - v_1 = \frac{m_2}{m_1 + m_2}(v_{10} - v_{20}) \qquad (2\text{-}9)$$

$$\Delta v_2 = v_{20} - v_2 = \frac{-m_1}{m_1 + m_2}(v_{10} - v_{20}) \qquad (2\text{-}10)$$

在两机动车发生正面碰撞事故时，e 与碰撞速度的关系可表示为[30]：

$$e = 0.574 \exp(-0.0396 v_e) \qquad (2\text{-}11)$$

式中，碰撞后车辆的塑性变形量测定方式如图 2.2 所示。

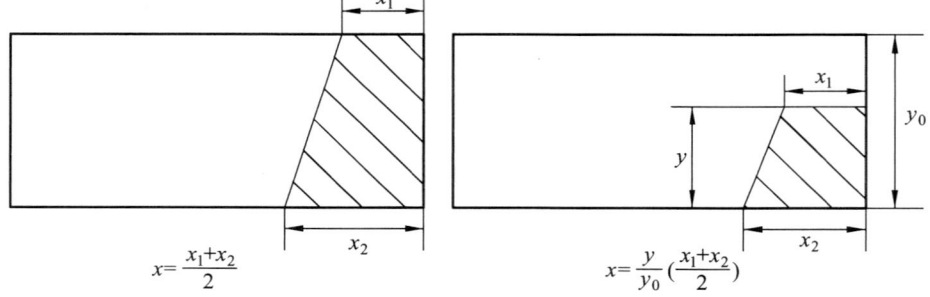

图 2.2 碰撞后车辆塑性变形测量方式

当机动车碰撞结束后，车体的剩余能量由轮胎或车体与地面摩擦转化为内能，经建模后，此过程可以表达为：

$$\frac{m_1 v_1^2}{2} = \varphi_1 m_1 g L_1 K_1 \qquad (2\text{-}12)$$

$$\frac{m_2 v_2^2}{2} = \varphi_2 m_2 g L_2 K_2 \qquad (2\text{-}13)$$

则

$$v_1 = \sqrt{2\varphi_1 g L_1 K_1} \qquad (2\text{-}14)$$

$$v_2 = \sqrt{2\varphi_2 g L_2 K_2} \qquad (2\text{-}15)$$

式中，m_1，m_2 分别为两个事故车辆的质量；L_1，L_2 分别为两车碰撞后的移动距离；K_1，K_2 均为摩擦系数，当全轮制动时 $K=1$，只有两轮制动时，$K=0.5$。

根据公式（2-14）和（2-15）可以求得碰撞后的速度 v_1，v_2，再结合公式（2-12）和（2-13）可以得到有效碰撞速度。将结果代入公式（2-4）、（2-5）和（2-6）可以求出事故两车的初始速度。其求解流程如图 2.3 所示。

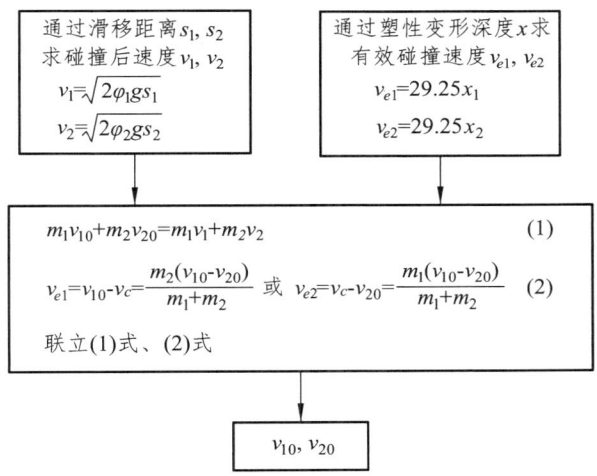

图 2.3　正碰前两车速度求解流程图

2. 追尾碰撞

一维碰撞的另一种情况为追尾，用于求解两车正碰时初速度的公式，同样也可以用于求解追尾前两车的初速度。此外，在发生追尾时，两车都会采取紧急制动措施，所以在路面上会留下明显的刹车痕迹。从痕迹中可以获知碰撞后的位移，结合实验可以测得摩擦系数，也可以求得碰撞前两车的初始速度。当被撞车未采取制动措施，碰撞车采取制动措施时，有如下结果：

$$(m_1 + m_2)\frac{v_c^2}{2} = \varphi_1 m_1 g L_1 K_1 \qquad (2\text{-}16)$$

由上式得：

$$v_c = \sqrt{\frac{2\varphi_1 m_1 g L_1 K_1}{m_1 + m_2}} \quad (2\text{-}17)$$

如果被碰撞的车辆发生翻滚，可通过下式求得碰撞初速度[31]：

$$(m_1 + m_2)\frac{v_c^2}{2} = \varphi_1 m_1 g L_1 K_1 + f_2 m_1 g L_2 \quad (2\text{-}18)$$

式中，f_2 为碰撞后车辆与地面的摩擦系数；L_2 为翻滚距离。

由公式（2-16）可得到以下结论：当追尾发生时，如果前后两车质量相等，前后两车的速度在碰撞前后数值发生互换；如果前后两车质量不相等，则速度与质量成反比。若碰撞两车发生形变，损失的机械能则转化为形变所需的能量。图 2.4 为追尾事故中两车的初速度求解流程图。

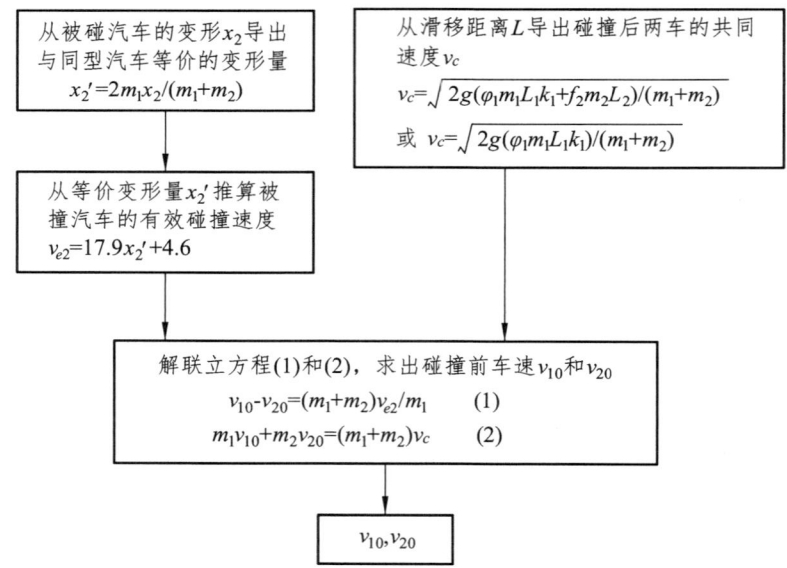

图 2.4　追尾事故中两车初速度的求解流程图

2.1.2　二维碰撞

在汽车发生碰撞后出现回转或侧滑等碰面运动的碰撞为二维碰撞，

可以分为迎头侧面碰撞和斜碰撞,也可以分为二维对心碰撞和二维非对心碰撞[32]。

1. 车辆二维对心碰撞

当一辆车的碰撞冲力通过另一辆车的质心时,该类碰撞称为对心碰撞。判断车辆碰撞是否为二维对心碰撞,主要根据是碰撞后车体是否发生转动。如果车体只平动不转动就是对心碰撞。有时尽管车体发生一定的转动,但转动程度不大,可以不予考虑,即可以按对心碰撞处理。

设质量为 m_1 的 1 车与质量为 m_2 的 2 车在点 O 处发生二维对心碰撞,如图 2.5 所示。碰撞前,1 车的碰撞速度为 v_{10},与 X 轴的夹角为 α_{10};2 车的碰撞速度为 v_{20},与 X 轴的夹角为 α_{20}(α 角均从 X 轴正向按逆时针方向计)。碰撞后,1 车的速度为 v_1,与 X 轴的夹角为 α_1;2 车的速度为 v_2,与 X 轴的夹角为 α_2。

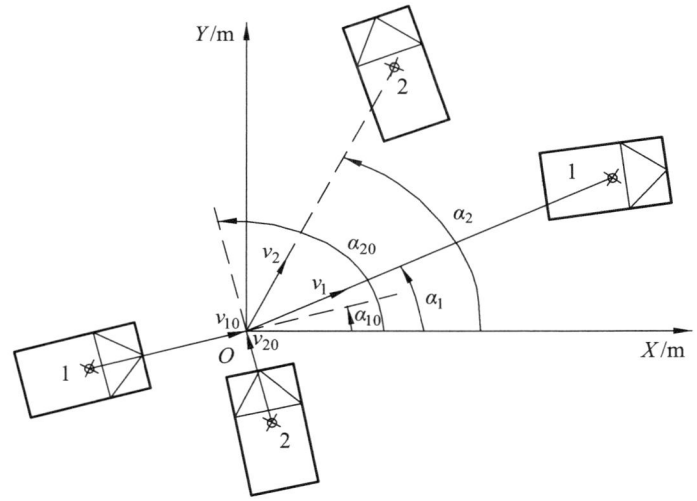

图 2.5　车辆二维对心碰撞

根据动量守恒定律有:

$$m_1 v_{10} \cos \alpha_{10} + m_2 v_{20} \cos \alpha_{20} = m_1 v_1 \cos \alpha_1 + m_2 v_2 \cos \alpha_2 \quad (2\text{-}19)$$

$$m_1 v_{10} \sin \alpha_{10} + m_2 v_{20} \sin \alpha_{20} = m_1 v_1 \sin \alpha_1 + m_2 v_2 \sin \alpha_2 \quad (2\text{-}20)$$

从式（2-19）、（2-20）中可以看出，二维对心碰撞事故中，若要建立起事故车辆碰撞前速度与碰撞后速度的关系，根据碰撞后车辆行驶速度推算碰撞前车辆的行驶速度，必须首先应用车辆运动轨迹模型，计算碰撞后瞬间两车行驶速度的大小及方向，然后再求碰撞前两车的速度大小及方向。由于，待求的事故车辆碰撞前速度状态参量共有四个，即 v_{10}、α_{10}、v_{20} 和 α_{20}，因此，还需要建立两个补充方程。

首先，考虑车辆有效碰撞速度的定义。

如果二维碰撞事故中，一辆车的碰撞冲力通过另一辆车的质心，则碰撞发生后车辆不会发生转动，需要应用塑性变形量与有效碰撞速度的关系模型配合动量守恒定律来推算车速，这就需要引入车辆的有效碰撞速度这一概念。事故车辆因碰撞作用所产生的速度变化叫做有效碰撞速度。现假定质量为 m_1、碰撞前车速为 v_{10} 的 1 车与质量为 m_2、碰撞前车速为 v_{20} 的 2 车发生正面碰撞，v_1 和 v_2 分别为 1 车和 2 车碰撞后离开的速度。

由于在车辆碰撞过程中，必然会存在一个两车速度相等的瞬间，此瞬间应为动量交换完毕时刻，设这一相同的速度为 v_c。由于在碰撞过程中，两车相互间的碰撞力作用为碰撞系统的内力，其他外力作用可以忽略不计，因此，两车的总动量始终保持不变。为此，根据动量守恒定律有下述两式成立：

$$m_1 v_{10} + m_2 v_{20} = (m_1 + m_2) v_c \quad （2-21）$$

$$m_1 v_{10} + m_2 v_{20} = m_1 v_1 + m_2 v_2 \quad （2-22）$$

因此，1 车和 2 车的有效碰撞速度 v_{1e} 和 v_{2e} 分别为：

$$v_{1e} = v_{10} - v_c = \frac{m_2}{m_1 + m_2}(v_{10} - v_{20}) \quad （2-23）$$

$$v_{2e} = v_c - v_{20} = \frac{m_1}{m_1 + m_2}(v_{10} - v_{20}) \quad （2-24）$$

其次，建立塑性变形量与有效碰撞速度之间的关系。

国外对某些发动机前置的轿车进行了大量正面碰撞实验，并根据实验结果找出了车辆前部的塑性变形量与有效碰撞速度之间的关系。这些

实验结果几乎都相同[33]，即

$$v_e = 105.3x \quad (2\text{-}25)$$

式中，v_e 为车辆的有效碰撞速度（km/h）；x 为车辆前部塑性变形量（m）。

由于车辆前部与后部的刚性差别较大，因此，在追尾碰撞事故中，被追尾车辆的塑性变形量与有效碰撞速度的关系不能用式（2-25）来表达[34]。大量实验结果表明，被追尾车辆的后部塑性变形量与有效碰撞速度之间呈线性关系，即

$$\begin{cases} v_{2e} = 17.9 x'_2 + 4.6 \\ x'_2 = \dfrac{2m_1}{m_1 + m_2} x_2 \end{cases} \quad (2\text{-}26)$$

式中，v_{2e} 为被追尾车辆的有效碰撞速度（km/h）；x_2 为被追尾车辆的后部塑性变形量（m）；x'_2 为被追尾车辆的后部等价变形量（m）。

下面建立补充方程。

根据以上介绍的有效碰撞速度的定义，可以定义事故车辆有效碰撞速度在 X 轴及 Y 轴上的分量 v_{1eX}，v_{1eY}，v_{2eX}，v_{2eY}。这里利用 1 车的有效碰撞速度建立二维对心碰撞动力学模型的补充方程，则 1 车有效碰撞速度在 X 轴及 Y 轴方向的分量分别为：

$$v_{1eX} = \frac{m_2}{m_1 + m_2} (v_{10} \cos \alpha_{10} - v_{20} \cos \alpha_{20}) \quad (2\text{-}27)$$

$$v_{1eY} = \frac{m_2}{m_1 + m_2} (v_{10} \sin \alpha_{10} - v_{20} \sin \alpha_{20}) \quad (2\text{-}28)$$

根据事故车辆碰撞部位的不同，塑性变形量与有效碰撞速度之间的关系可以根据式（2-25）或式（2-26）列出。对于 1 车前部发生碰撞变形的情况，有下式成立：

$$v_{1eX} = 105.3 x_1 \cos \alpha_{10} \quad (2\text{-}29)$$

$$v_{1eY} = 105.3 x_1 \sin \alpha_{10} \quad (2\text{-}30)$$

对于 1 车后部发生碰撞变形的情况，有下式成立：

$$\begin{cases} v_{1eX} = 17.9 x_1' \cos\alpha_{10} + 4.6 \\ v_{1eY} = 17.9 x_1' \sin\alpha_{10} + 4.6 \\ x_1' = \dfrac{2m_2}{m_1+m_2} x_1 \end{cases} \quad (2\text{-}31)$$

同样，也可以对 2 车建立塑性变形量与有效碰撞速度之间的关系模型。

2. 车辆二维非对心碰撞

车辆二维非对心碰撞的主要特点是碰撞后车辆滑行时，不仅有平动，而且有转动。转动程度的大小取决于碰撞冲力对车辆质心的力矩。实际交通事故中，有时甚至会因车辆回转运动而继续引发二次碰撞或多次碰撞，碰撞后车辆的运动形式十分复杂，这里仅介绍没有发生二次或多次碰撞的动力学模型。

令两车所受冲力在法向和切向上的分量分别为 P_n，P_τ，碰撞后两车速度在法向和切向上的分量分别为 v_{1n}，$v_{1\tau}$ 和 v_{2n}，$v_{2\tau}$，碰撞前两车速度在法向和切向上的分量分别为 v_{10n}，$v_{10\tau}$ 和 v_{20n}，$v_{20\tau}$，两车碰撞前后转动角速度分别为 ω_{10}，ω_{20} 和 ω_1，ω_2。两车的质量分别为 m_1，m_2，两车绕质心的转动惯量分别为 I_1，I_2。如图 2.6 所示[35]。

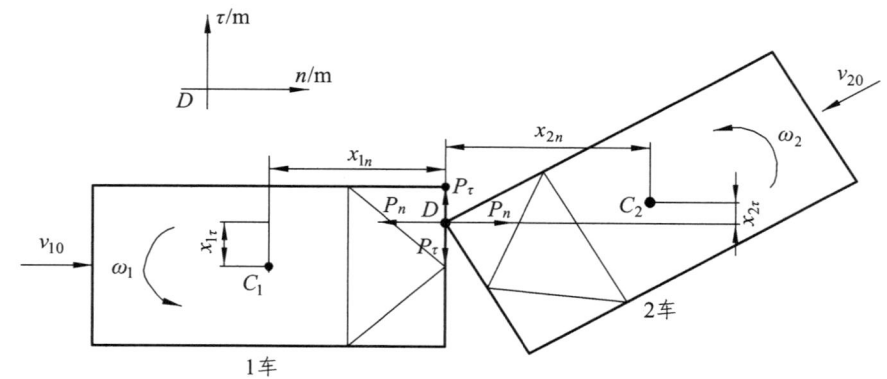

图 2.6　车辆二维非对心碰撞

根据动量守恒定律和动量矩定理，有下式成立：

$$\begin{cases} m_1 v_{10n} + m_2 v_{20n} = m_1 v_{1n} + m_2 v_{2n} \\ m_1 v_{10\tau} + m_2 v_{20\tau} = m_1 v_{1\tau} + m_2 v_{2\tau} \\ I_1(\omega_1 - \omega_{10}) = m_1(v_{1n} - v_{10n})x_{1\tau} + m_1(v_{10\tau} - v_{1\tau})x_{1n} \\ I_2(\omega_2 - \omega_{20}) = m_2(v_{2n} - v_{20n})x_{2\tau} + m_2(v_{20\tau} - v_{2\tau})x_{2n} \end{cases} \quad (2\text{-}32)$$

将 v_{1n}，$v_{1\tau}$，v_{2n}，$v_{2\tau}$，ω_1 和 ω_2 作为已知量，求解 v_{10n}，$v_{10\tau}$，v_{20n}，$v_{20\tau}$，ω_{10} 和 ω_{20} 六个变量，可以利用切向和法向弹性恢复系数建立补充方程。

2.1.3　三维碰撞

三维碰撞是指车辆在做平面运动时伴随着侧面翻车的运动。

在现实的交通事故中主要以二维碰撞为主，同时包含部分的一维碰撞和三维碰撞。现阶段，对于事故再现的研究主要集中在二维碰撞上。因为一维碰撞相对简单，对其事故再现的方法研究也相对成熟，而三维碰撞由于碰撞过程过于复杂，对其事故再现研究还处于初步摸索阶段。

2.2　车辆碰撞理论

2.2.1　汽车碰撞过程

研究车辆碰撞时会将车辆碰撞过程分为碰撞前阶段、碰撞阶段和碰撞后阶段。

其中，碰撞前阶段是指从驾驶员发现险情并做出相应的反应开始到两车接触前的阶段。

碰撞阶段是指从两车表面接触瞬间到两车接触分开瞬间的时间历程。这个过程非常短，一般都低于 120 ms。在这一阶段，两车接触时产生了压缩力和压缩变形，同时两车的速度和运动形态也发生变化[36]。车辆的变形主要发生在这个阶段，对碰撞变形的研究也集中在这一时间段内。在这一时间段内从接触开始，变形量随着压缩力的增大而增大，速度却随之减小，当两车速度达到相同时，变形达到最大；然后由于车辆的弹塑性作用，车辆的弹性变形恢复，接触面逐渐放松，两车速度发生变化，最后两车分离。这一阶段可分为两个阶段，即压缩阶段和恢复阶段。

碰撞后阶段是指从两车接触分离瞬间到两车完全停止的时间历程。在这一阶段，由于驾驶员受到惊吓或受伤而使车辆处于失控状态，车辆会进行"非正常行驶"运动，所以车辆的运动比较复杂，不仅会有平移运动、二维转动，可能还会有三维运动发生，如侧翻、坠车等，甚至有可能出现车辆的二次碰撞或与其他固定物发生碰撞的现象。

因此，处理交通事故时，在碰撞前和碰撞后两个阶段发生的速度变化量可以通过运动学原理来推导计算，而碰撞阶段涉及的变化量和参数更多、更复杂，无法用简单的运动学原理来推导计算这一过程中的速度变化量。目前，对于这一阶段的速度变化情况的求解主要有动量/能量分析法和变形/能量分析法两种，这也是事故处理中常用的两种方法。

2.2.2 汽车碰撞的力学特点

汽车碰撞的力学特点有如下几点：

1. 冲击力大，时间短

汽车碰撞的冲击力相当大，时间非常短暂，碰撞时间一般都在 70~120 ms[37]。

2. 碰撞为弹塑性碰撞

汽车的碰撞为弹塑性碰撞，在力学上，一般用恢复系数 e 来区分它与弹性碰撞和塑性碰撞的区别。恢复系数为两物体碰撞后的速度差与碰撞前的速度差之比[38]，即

$$e = \frac{v_2 - v_1}{v_{20} - v_{10}} \quad (2\text{-}33)$$

式中，v_{10}，v_{20} 分别表示物体 1 和物体 2 碰撞前的速度；v_1，v_2 分别表示物体 1 和物体 2 碰撞后的速度。

恢复系数 e 表示物体变形后的恢复程度，其取值在 0 与 1 之间。当 $e=0$ 时，即碰撞后两物体速度相等或为 0，表示物体在碰撞过程发生变形后不再还原，这种碰撞称为完全塑性碰撞；当 $0<e<1$ 时，表示物体碰撞后变形部分恢复，动能发生部分损失，碰撞过程中既有弹性碰撞也有非弹性碰撞，这种碰撞叫做弹塑性碰撞；当 $e=1$ 时，表示物体碰撞后速度未发生变化，而且变形完全恢复，也不发生动能损失，此种碰撞称为完全弹性碰撞。汽车碰撞一般都为弹塑性碰撞，恢复系数 e 会随着速度的增大而减小。

3. 汽车被当作刚体处理

碰撞过程中汽车一般被当作刚体处理。因为从汽车事故和碰撞试验来看，碰撞车辆的变形通常只发生在碰撞部位或其邻近部位，其他部分并未发生变形，因此可认为，碰撞过程中汽车在做刚体运动，其变形只发生在碰撞发生区域，其能量损失也只发生在其变形区域，而与其他部分无关。

4. 汽车碰撞过程复杂

汽车碰撞过程相当复杂，在对其过程进行研究时，为了方便分析，会进行适当的简化，即在遵循动量、动能守恒定律的基础上做如下假设[39]：

（1）忽略碰撞变形能以外的噪声、热、光等其他能量的损失；

（2）汽车的变形特性不随宽度的变化而变化；

（3）碰撞过程中冲击力极大，碰撞冲击力以外的其他力的冲量忽略不计；

（4）碰撞过程中汽车的质量、轴距、轮距、质心位置、转动惯量等汽车特性参数不因车辆变形而发生改变。

5. 碰撞常用的处理模型

1）刚体碰撞

日常生活中发生的大多数车辆碰撞事故都是点对点的碰撞，形变和能量的转化仅在车体某个部位，如果碰撞发生的变形不大，那么由于碰撞而损失的能量就可以忽略，这时候可将碰撞车辆刚体化[40]。由动量守恒定律得：

$$m_1v_1 + m_2v_2 = m_1v_{13} + m_2v_{23} \quad (2\text{-}34)$$

式中，v_{13}，v_{23} 分别为车辆 1 和车辆 2 碰撞后的速度；由能量守恒定律得：

$$\frac{1}{2}m_1v_1^2 + \frac{1}{2}m_2v_2^2 = \frac{1}{2}m_1v_{13}^2 + \frac{1}{2}m_2v_{23}^2 \quad (2\text{-}35)$$

$$\frac{\Delta v_1}{\Delta v_2} = \frac{m_2}{m_1} \quad (2\text{-}36)$$

式中，Δv_1，Δv_1 分别为车辆 1 和车辆 2 碰撞前后的速度变化量。

2）塑性碰撞

车辆碰撞后完全变形不可恢复的情况称为塑性碰撞。而塑性碰撞一般发生在车辆速度较高时，这个过程的能量损失主要由形变带来。经过整理以上公式，损失的能量为：

$$E_L = \left(\frac{1}{2}m_1v_1^2 + \frac{1}{2}m_2v_2^2\right) - \left(\frac{1}{2}m_1v_{12}^2 + \frac{1}{2}m_2v_{22}^2\right)$$

$$= \frac{1}{2}\frac{m_1m_2}{m_1+m_2}(v_1-v_2)^2 \quad (2\text{-}37)$$

3）弹塑性碰撞

车辆碰撞是复杂的、不唯一的，这个过程既有刚体碰撞又有塑性碰撞。结合恢复系数 e 的概念，经过整理以上公式得出如下弹塑性碰撞公式：

$$E_L = \left(\frac{1}{2}m_1v_1^2 + \frac{1}{2}m_2v_2^2\right) - \left(\frac{1}{2}m_1v_{12}^2 + \frac{1}{2}m_2v_{22}^2\right)$$

$$= \frac{1}{2}\frac{m_1m_2}{m_1+m_2}(1+e^2)(v_1-v_2)^2 \quad (2\text{-}38)$$

式中，当 $e=1$ 时，$E_L=0$，碰撞为弹性碰撞；当 $e=0$ 时，碰撞为塑性碰撞，

$$E_L = \frac{1}{2}\frac{m_1m_2}{m_1+m_2}(v_{10}-v_{20})^2 \quad (2\text{-}39)$$

由此得出弹塑性碰撞能量损失范围为：

$$0 < E_L < \frac{1}{2}\frac{m_1 m_2}{m_1 + m_2}(v_1 - v_2)^2 \qquad (2\text{-}40)$$

弹塑性碰撞同样也适用于车辆二维碰撞，但是需要在法向碰撞平面、切向碰撞平面内引用法向恢复系数和切向恢复系数[41]。

2.3 车辆碰撞事故再现仿真优化理论流程图

车辆碰撞事故再现仿真的核心是对事故参数的分析和获取。通过仿真等校验方式比对结果，并经过反复修正可得出最优的事故参数，从而真实、准确地对一起车辆碰撞事故进行再现。仿真优化理论流程如图2.7所示。

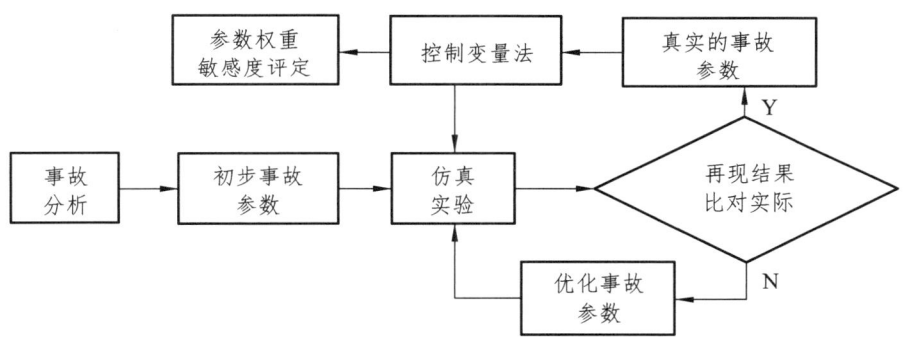

图 2.7　仿真优化理论流程图

3 车辆碰撞事故参数分析

3.1 参数的定义与分类

一起完整的车辆碰撞事故主要场景应分为事故发生前、事故过程中和事故发生后,而每个场景里面所包含的驾驶员操作情况、车辆本身状态、碰撞接触的信息、散落情况、地面行驶环境等因子,拼凑起来就是这起车辆碰撞事故的参数。所以,交警在勘查现场时,需要针对现场情况进行发现与分析,这样才有助于更真切地了解搜集事故参数,划分责任。

各种仿真软件设置的功能需求不一样,所以需要搜集整理的参数也不同。如碰撞能量参数有速度、加速度、摩擦系数等,运动参数有刹车轨迹、碰撞初始位置等。但从参数采集手段差异来看,研究人员根据经验将参数分成三大类[42]:第一类是精准参数,如汽车质量、车身长度、车身宽度等,这一类参数值都是已知的、准确的,只要翻阅相关数据就可获得。第二类是勘测参数,如车辆初始和停止位置、刹车痕迹等,这一类参数值都是人为勘测采集的,存在一定的随机性和前后不一致性。第三类是估算参数,如雨天和晴天,路面附着系数不一样,水泥路和沥青路的摩擦系数不同等,这一类参数是研究人员在大量实验基础上得来的,在仿真再现软件中已列出可选择的数值,详细分类情况如表 3.1 所示。

表 3.1 按获取方式分类的参数表

获取方式	来源分类	参数内容
读取参数	车辆本身	车身长、宽、高、轮距、轴距等
	轮胎	轮胎型号与尺寸、数量
	风阻	车头部、侧面、尾部、底部风阻系数等
	发动机	最大功率、车速转速、传动比等
	……	……

续表

获取方式	来源分类	参数内容
勘测参数	碰撞时车辆相对位置	车辆位置坐标
	行车轨迹	轮胎痕迹
	碰撞模拟	碰撞点位置坐标
	风阻	风向、风速、持续时间
	……	……
估算参数	碰撞时车辆相对位置	碰撞方向
	路面附着系数	附着系数
	车辆碰撞	加/减速度、碰撞前和碰撞后速度等
	驾驶员参数	驾驶员反应时间等
	……	……

面对这么多参数，交警勘测人员不会每次都对所有参数进行全面分析，那样会做很多无用功，所以，通常要做参数筛选并实施多个步骤：

第一，要根据每起事故发生的实际情况，综合多方面因素，首先确定该起事故的重要参数和关键参数。

第二，根据事故分析经验和事故差异特性，对每个参数进行权重分析。

第三，得到下面这些具有很大或中等影响作用的参数：车辆碰撞前的方向、竖直方向的接触平面角度 psi、车身摩擦系数、制动系协调时间、行李箱载质量、车顶载质量、车身与地面的碰撞恢复系数、车辆摩擦系数、车身强度、转向时间、前轴外轮转弯直径、前/后排乘客质量、摩擦因数、车辆碰撞位置、水平方向的接触平面角度 phi、碰撞点位置、碰撞恢复系数、碰撞前速度、车重、质心高度、加/减速度 a、反应时间[43]。

3.2 参数敏感度评定

在仿真环节中，怎么选择参数并调整参数值来优化仿真结果，将直接影响事故再现分析的效率，所以，做好参数敏感度分析评定前期工作非常重要。对参数的敏感度研究通常采用控制变量法，即如果事故车辆都包括同一参数，根据需要调整其中一个车辆的参数来对比参数变动引起的影响，事故仿真结果将随着单一仿真参数的改变而变动。下面以美国的一起典型碰撞试验案例为模型，借助 Pc-crash 平台，利用控制变量法来单个地调换车辆中一些具有较大影响因素的参数。

3.2.1 仿真模型

下面将美国 TNO 实验室的实车仿真报告作为案例进行参数敏感度分析[44]。碰撞试验的简要情况是：试验探究的是两车进行侧面碰撞，一般情况下，实际交通碰撞事故中两车碰撞的车速在 40~80 km/h。原因是侧面碰撞过程中产生旋转角速度，这样使得侧面碰撞获取的测量碰撞轨迹比其正面碰撞愈加完整和典型。该实车碰撞试验仿真报告包括大量的数据和完整的资料，方便使用者查询及结果对比。

1. 车辆基本情况

前排乘客放置两个 50%Hybrid-Ⅱ，质量均为 73 kg，分别被置于座位的前排。车辆的后备厢放置油箱，所以在仿真模拟时，车辆后备厢的质量不为零。小轿车采用的是 Pc-crash 里面自带的数据，依据实际情况可以对车辆的参数进行调整。碰撞车辆的基本参数如表 3.2 所示。

表 3.2　碰撞车辆的基本参数

车辆	车 1	车 2
车辆空载质量/kg	1 111	1 103
质量高度/m	0.45	0.5
前排乘员质量/kg	146	146
后备厢载质量/kg	23	35

以下是 Pc-crash 软件的输入窗口图，将上述车辆的基本参数、车辆技术参数输入 Pc-crash 软件中，如图 3.1~3.4 所示。

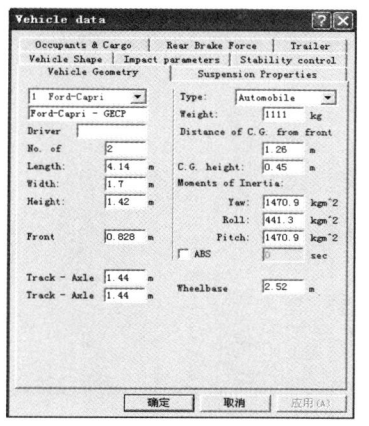

图 3.1 车辆 1 基本参数设置

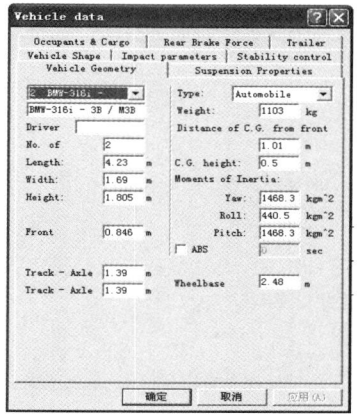

图 3.2 车辆 2 基本参数设置

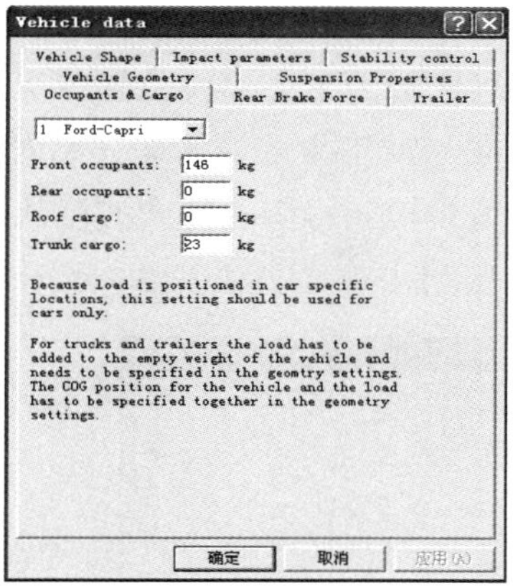

图 3.3 车辆 1 载重情况设置

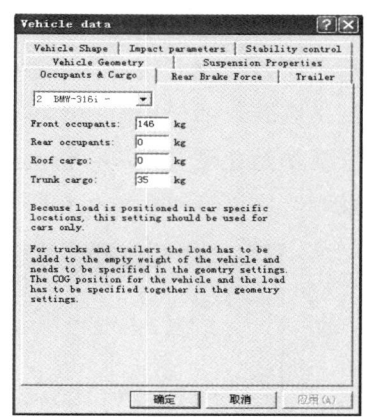

图 3.4 车辆 2 载重情况设置

2. 车辆初始位置定义

车辆碰撞的初始位置通常根据经验和现场勘测数据推断出来,即在事故发生后依靠经验来判断。在 Pc-crash 中,如果要进行事故仿真,需要键入车辆的初始点坐标位置。在精准的事故认定过程中,车速的确定是一个重要依据。所以,初始速度估算的精确度极大地影响事故仿真的进程,估算速度越准确,仿真优化所使用的时间越少。此次试验碰撞车辆的速度估算为 70 km/h[45],如图 3.5,3.6 所示。

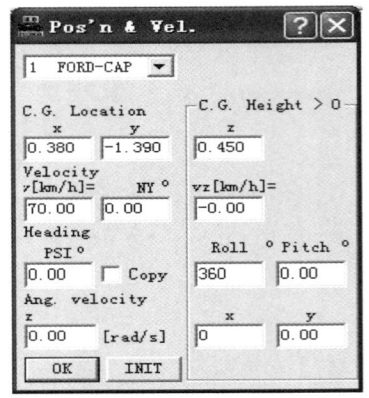 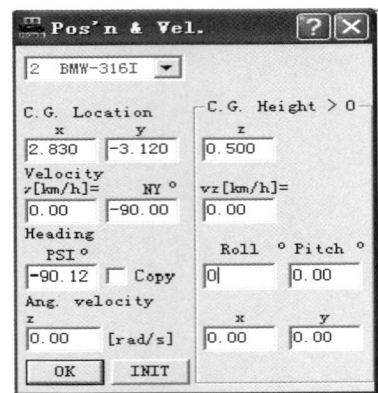

图 3.5　车辆 1 初始点输入对话框　　图 3.6 车辆 2 初始点输入对话框

3. 车辆停止点位置

运用轨迹优化方法进行事故再现时,以车辆的最终停止位置为优化目标,把仿真获取的轮胎轨迹与实际事故现场遗留下来的轮胎印迹相对比,以此改变初始速度,再进行仿真,直到数值模拟获得的轨迹和实际轨迹的差异最小。所以,车辆的最终停止位置参数相当重要。如图 3.7 所示。

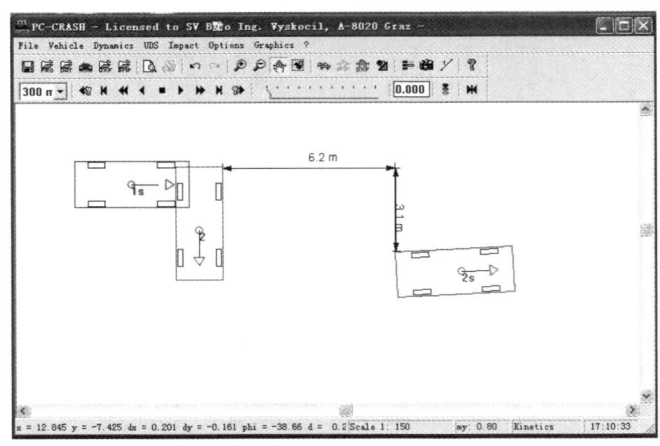

图 3.7　车辆 2 的具体停止位置

4. 车辆序列设置

在图 3.8 中,根据具体的实际情况,定义车辆运动序列后进行相应参数的设置。如果碰撞前驾驶员采取避让措施即实施转向，需要勾选 Steering 选项，点击进入其内部设置转向角度，具体输入窗口如图 3.9 所示。在这次试验中，初始时被碰撞车辆处于静止状态，在设置减速度时，需要注意车辆变形对右后轮引起的影响，输入减速度数值为 0.72。

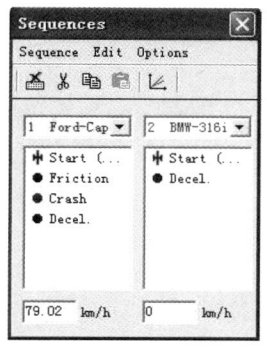

图 3.8　车辆顺序参数设置窗口　　图 3.9　车辆 2 减速度设置

5. 仿真模型的选择

在设置车辆的初始位置、车辆基本参数和终止位置后，接着需要选取仿真参数。在确定仿真模型时，这次试验模拟选用的是三维动力学模型，时间步长选择为 0.5 ms。一般情况下，大多选择动力学模型。而运动学模型是在需要用到车辆碰撞前的运动路径的情况下才选用的。如图 3.10 所示。

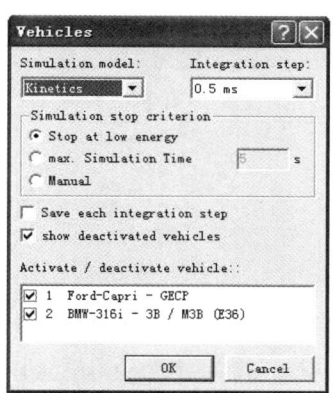

图 3.10　仿真模型的确定

6. 碰撞点坐标、能量变化量的确定

在事故处理过程中，一般根据创建的局部坐标系、碰撞车辆的损坏程度来获知碰撞点的确切位置，因此，需要研究车辆碰撞时的恢复系数。在图 3.11 中，x, y, z 为碰撞点位置的各个坐标值，本案例碰撞点坐标为 (2.43, -1.45, 0.65)。接下来需要确定车辆的能量变化（EES）。如果车辆发生变形，仿真前需要根据车辆变形量来确定 EES 值的大小[46]。这里 EES 取 18 km/h，再将碰撞车辆的真实变形与软件数据库中的参考图片对照，以明确恢复系数的取值，即 $u = 0.15$。

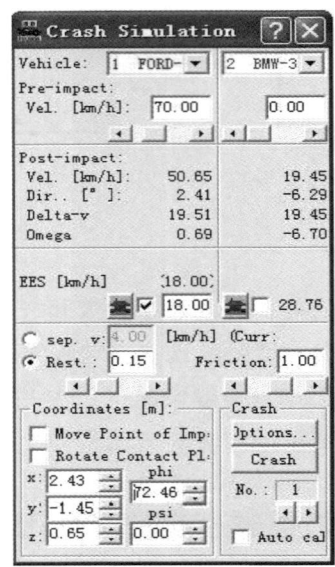

图 3.11　碰撞仿真参数输入对话框

3.2.2　车辆的仿真优化

车辆仿真的相关参数均已设置，鉴于初始输入值的可行性，本次仿真中需要优化的参数为回弹系数、碰撞车辆的速度及两车的摩擦系数。选择遗传算法进行轨迹优化，点击优化开始，优化结束后仿真获取的参数及车辆轨迹如图 3.12~3.14 所示。

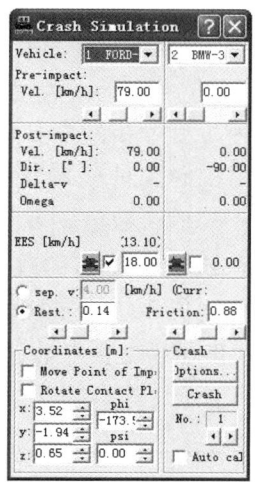 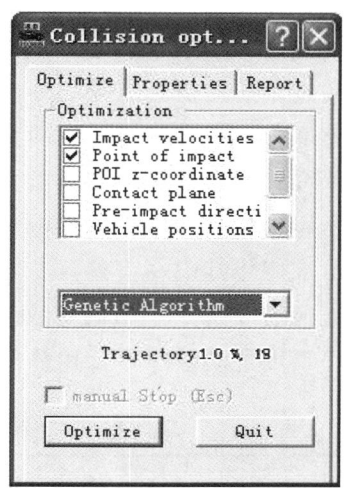

图 3.12　优化后的碰撞参数　　　　图 3.13　优化算法及参数选取

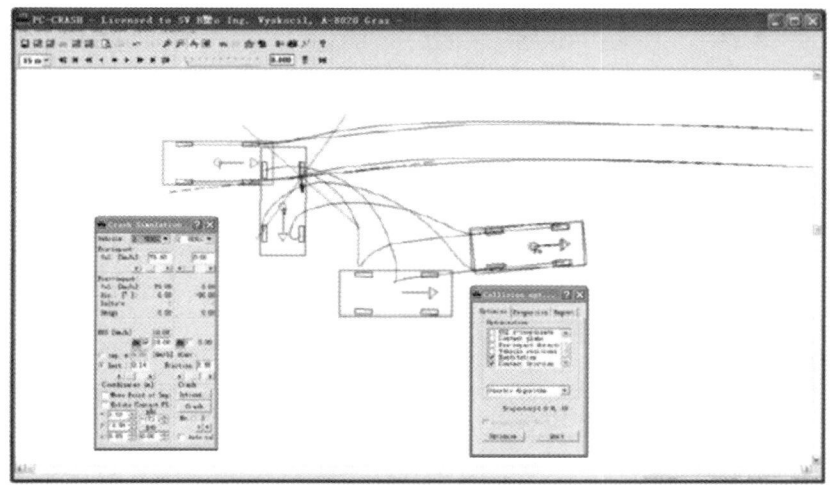

图 3.14　最终的运动轨迹

运用轨迹优化方法得到：车辆 1 的初始速度为 79 km/h，而实际试验中车速仅为 81 km/h，车辆运行的轨迹与实际情况相对比，其误差仅为 1.0%。误差相对较小，结果很理想。但是在我们日常实际车辆碰撞事故再现案例中，误差相对较大。

3.2.3 仿真结果的误差研究

通过对案例仿真结果的分析来明确整体趋势，即通过 Pc-crash 优化获得速度小于实车试验获取的真实速度[47]。为了进一步对参数的敏感度进行探究，以上述建立的模型为原模型，运用控制变量法来分析该参数对整个事故再现中的权重影响。输入参数时，其他参数值不发生改变，仅仅要求变化其中一个参数。对该参数值进行 ±5% 和 ±10% 的改变，然后分别进行事故仿真。车辆参数改变带来的影响体现在碰撞车辆的速度和车辆停止位置的误差百分比数值上，其仿真结果如表 3.3 所示。

表 3.3 车辆参数改变对仿真结果的影响

车辆 1 参数	-10		-5%		5%		10%	
	误差/%	速度/km/h	误差/%	速度/km/h	误差/%	速度/km/h	误差/%	速度/km/h
质心到前轴距离	1.4	79	1.3	79	2.3	79	1.3	79
质心高度	1.5	80	1.7	80	3.7	79	2.1	79
前排乘员质量	2.2	80	2.1	79	2.1	80	2.1	80
后备厢载重	1.5	79	1.4	79	1.2	79	1.1	79
轮距	3.1	78	2.6	78	2.7	79	3.5	79
车重	3.1	82	3.5	81	2.8	78	3.6	78
偏航转动惯量	1.1	80	1.7	80	1.3	79	1.4	79
滚动转动惯量	1.1	79	1.2	79	1.4	79	1.5	79
倾斜转动惯量	1.3	80	1.4	80	1.2	79	1.1	79
车辆 2 参数	-10%		-5%		5%		10%	
	误差/%	速度/km/h	误差/%	速度/km/h	误差/%	速度/km/h	误差/%	速度/km/h
质心到前轴距离	2.1	78	2	78	3.2	81	1.6	81
质心高度	1.4	82	1.3	81	1.4	78	3.4	78
前排乘员质量	1.3	78	1.2	78	2.2	78	3	78
后备厢载重	1.2	78	1.3	78	1.7	78	2	78
轮距	4.4	78	2.8	79	2.1	83	4	83

续表

车辆2参数	-10%		-5%		5%		10%	
	误差/%	速度/km/h	误差/%	速度/km/h	误差/%	速度/km/h	误差/%	速度/km/h
车重	3.3	77	3.8	78	3.3	81	4	82
偏航转动惯量	1.6	80	1	80	1.3	79	1.5	79
滚动转动惯量	2.3	79	2	79	2	80	2.1	80
倾斜转动惯量	1.1	79	1.1	79	2.8	79	1.8	80

由于上述表格中参数种类较多且数据繁杂，很难观察出某个参数的变化趋势；数据参数之前没有形成对比，不易看出哪个参数的权重比较大，因此，下面以柱状图的形式进行各个参数敏感度探究。如图3.15~3.29所示。

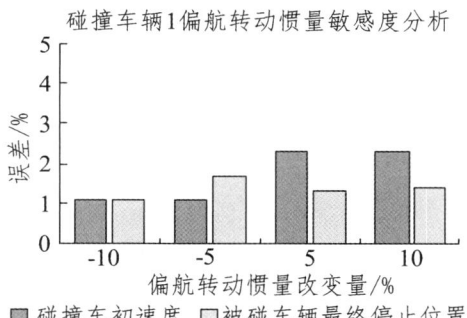

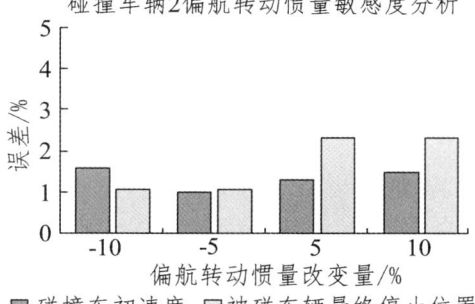

图 3.15 偏航转动惯量敏感度分析图

从图 3.15 可以看出，当偏航转动惯量改变量从-10%变到+10%时，被碰车辆的最终停止位置误差在最初略微增加后处于保持不变的状态。就碰撞车辆的初速度而言，其值在偏航转动惯量改变量-5%与+5%之间出现增量，而在其余范围内数值没有发生改变。总的来说，偏航转动惯量的改变对碰撞车辆的初速度和被碰车辆的最终停止位置影响不大，参数敏感度不高。

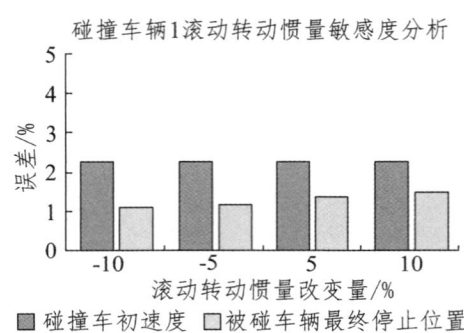

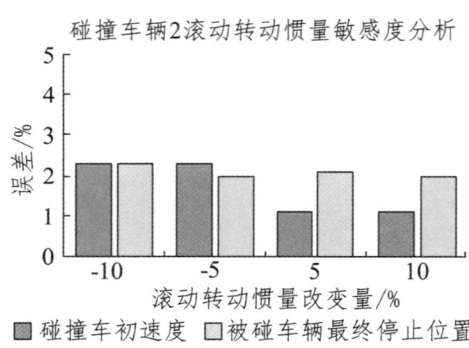

图 3.16　滚动转动惯量敏感度分析

从图 3.16 可以看出，当滚动转动惯量改变量从-10%变到+10%时，被碰车辆的最终停止位置误差增长基本呈现保持不变的状态。就碰撞车辆初速度而言，其值在滚动转动惯量改变量-5%与+5%之间出现小幅度的下降。显然，滚动转动惯量改变并未引起碰撞仿真中主要参数值的变动，说明该参数没有对仿真结果产生较大的影响。

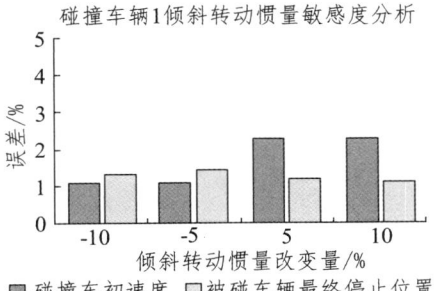

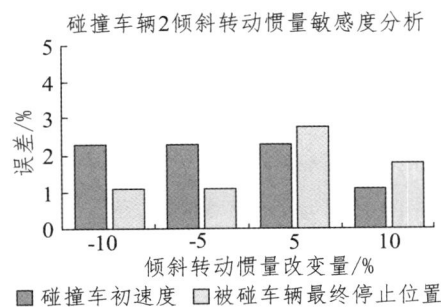

图 3.17 倾斜转动惯量敏感度分析图

由图 3.17 观察得出，随着车辆倾斜转动惯量的增大，被碰车辆的最终停止位置的误差值没有出现很大的变化。另外，碰撞车辆的初速度也只是在一定范围内发生微小变化。总的来说，倾斜转动惯量增长没有对碰撞结果产生很大影响，参数的权重相对较小。

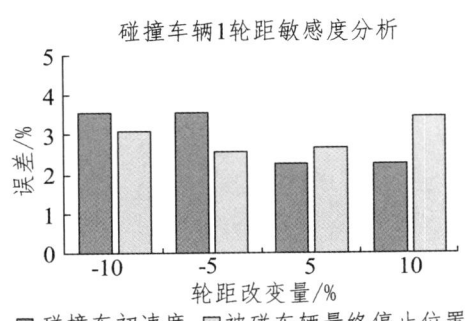

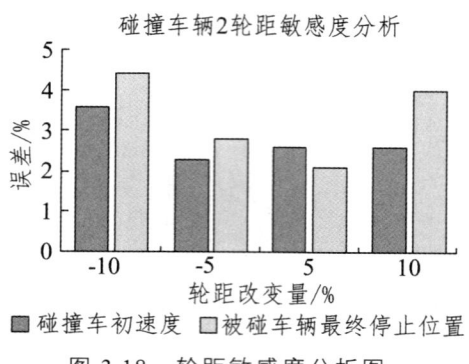

图 3.18　轮距敏感度分析图

由图 3.18 观察得出，轮距的改变对碰撞车辆的初速度和被碰车辆的最终停止位置带来了很大的影响，所以该参数的权重很大。因此，交通事故再现过程中，因车辆碰撞引起的变形导致车辆轮距的改变需要我们格外关注，而且要求事故现场测量获取的轮距数值应达到一定的精确度。

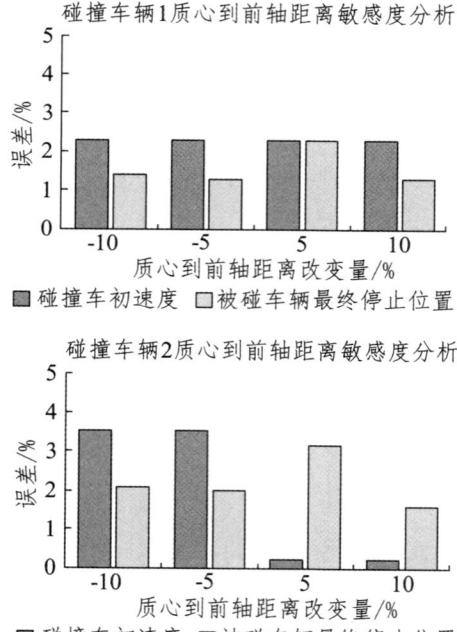

图 3.19　质心到前轴距离敏感度分析图

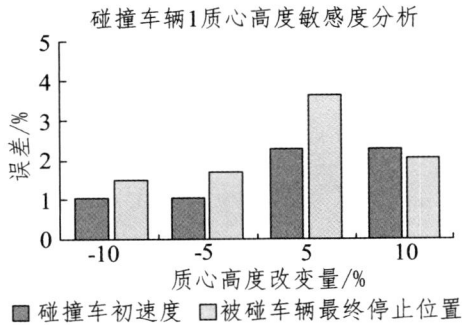

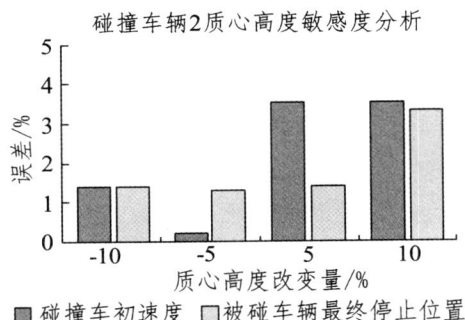

图 3.20 质心高度敏感度分析图

质心位置的重要性大体体现在如下两个方面:(1)碰撞点位置和质心位置息息相关;(2)整车质心位置会影响到轮胎弹性侧偏角,这在很大程度上决定了汽车的转向运动,影响了汽车操纵的稳定性。从图 3.19 和 3.20 中还可观察到,质心位置是决定仿真结果的一个重要参数。

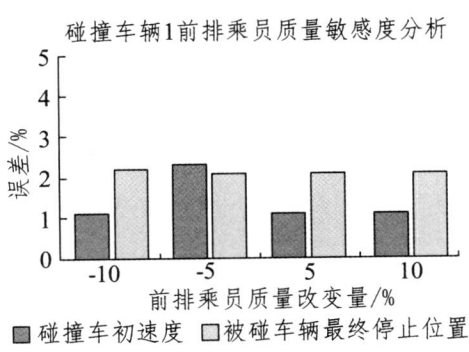

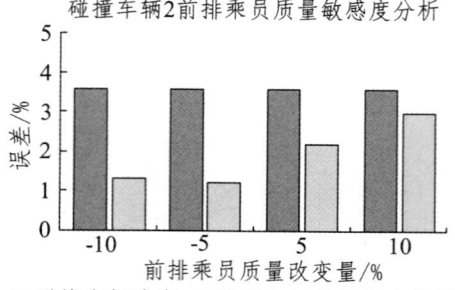

图 3.21 前排乘员质量敏感度分析图

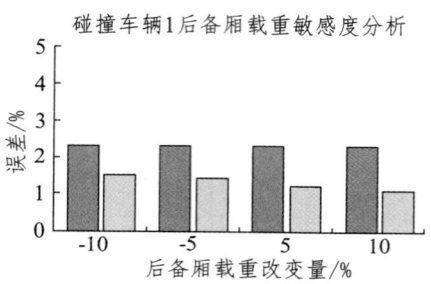

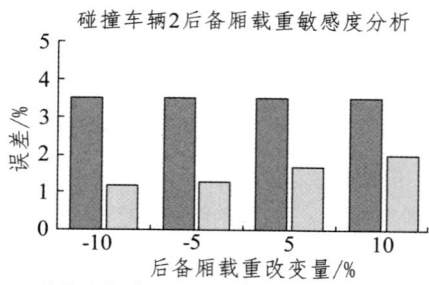

图 3.22 后备厢载重敏感度分析图

由图 3.21、图 3.22 和图 3.23 研究发现，车重改变量对碰撞参数产生的波动性比较大。当车质量过大时，相同转速时的车速会相对小一些，而且刹车性能也会下降，这些都将影响车辆碰撞的过程。所以，车重是一个较大的影响因子。

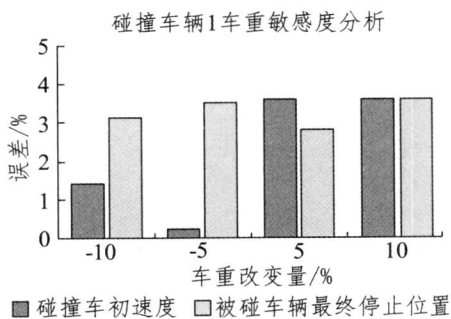

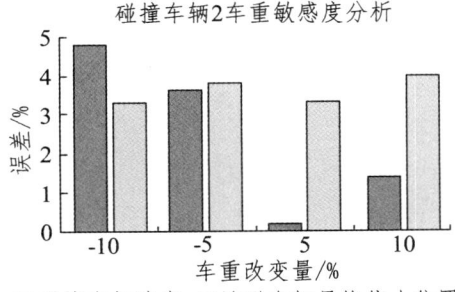

图 3.23　车重敏感度分析图

上面主要研究了车辆参数改变对仿真结果的影响，下面进行碰撞参数的敏感度研究，首先介绍主要碰撞参数（见表 3.4）。

表 3.4　碰撞参数改变对仿真结果的影响

车辆 2 参数	−10		−5%		5%		10%	
	误差/%	速度/km/h	误差/%	速度/km/h	误差/%	速度/km/h	误差/%	速度/km/h
碰撞点 X 轴坐标	4.0	74	2.5	80	4.8	85	3.4	78
碰撞点 Y 轴坐标	2.7	80	3.5	79	4.1	84	2.3	79
碰撞点 Z 轴坐标	2.2	79	2.1	79	3.0	76	3.3	78
恢复系数	2.2	79	1.3	79	2.1	80	2.5	80
车辆间摩擦系数	1.4	79	1.3	79	2.1	80	2.5	80
碰撞面角度	2.0	80	2.0	80	1.5	80	2.0	80

注意的是，恢复系数与车辆间摩擦系数和其他参数不一样，分别进行 ±5% 和 ±10% 的改变即可。恢复系数按照 0.14，0.15，0.16 和 0.17 分别进

行参数取值,而车辆间摩擦系数的大小分别为:0.6,0.7,0.9和1。

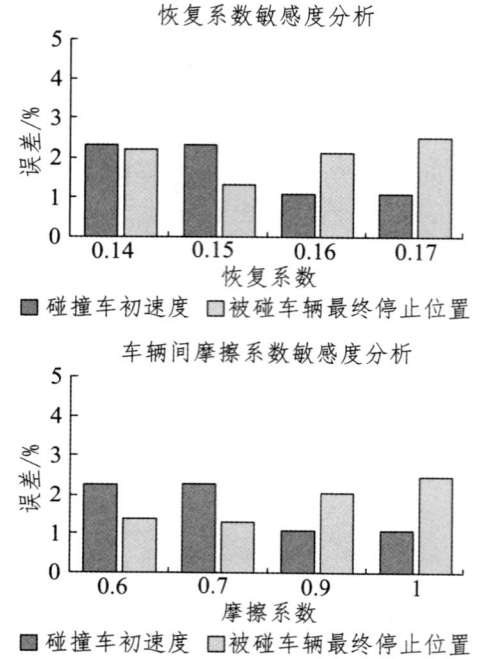

图 3.24 恢复系数与车辆间摩擦系数敏感度分析图

由图 3.24 观察得出:在本次试验中,恢复系数与车辆间摩擦系数在事故仿真中的影响不大。原因是此次试验进行的是完全碰撞,损失的动能转化成了物体内能,未曾探究车辆间摩擦系数。一般情况下,事故仿真时需要考虑事发时的天气情况、路面情况及车辆变形程度,可以确定恢复系数和摩擦系数的大小。

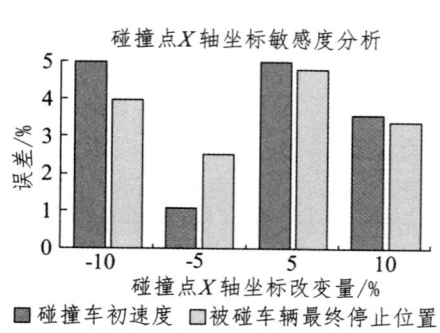

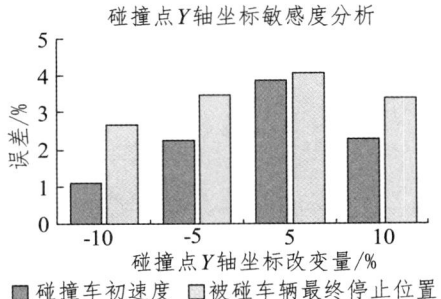

图 3.25 碰撞点 X 轴、Y 轴坐标值敏感度分析图

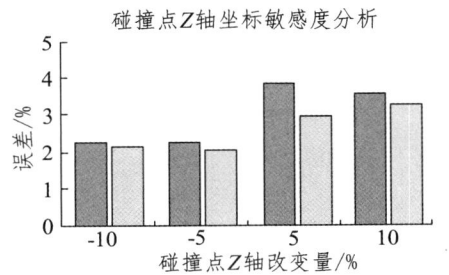

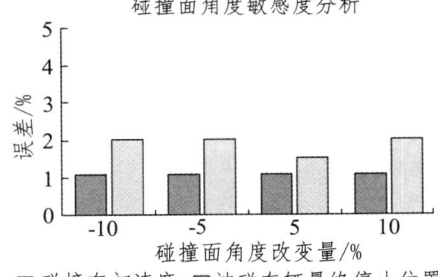

图 3.26 碰撞位置敏感度研究

由图 3.25 和图 3.26 可看出，碰撞点坐标值的地位非常重要。因为在仿真过程中，如果设置的碰撞点坐标与真实数值偏差太大，两车可能不会发生碰撞，这样将严重影响仿真结果。这也间接说明，事故仿真必须要求输入的参数值很精准，以便为后续调整参数节省大量时间。因此，碰撞点坐标值具有较大的影响因子（见表 3.5）。

表 3.5 碰撞初始参数改变对事故再现的作用

车 1 碰撞初始参数	-10%		-5%		5%		10%	
	误差/%	速度/km/h	误差/%	速度/km/h	误差/%	速度/km/h	误差/%	速度/km/h
质心 X 轴坐标	1.5	80	1.5	80	1.8	79	2.2	79
质心 Y 轴坐标	2.8	83	2.4	79	2	78	2.9	77
车头方向	4.9	78	3	80	4.4	79	3.2	79
附着系数	1.6	72	1.2	75	2.8	84	3.8	89
减速度	—	—	—	—	—	—	—	—
初始速度	1.5	80	1.2	79.5	1.2	79.5	1.5	80
车 2 碰撞初始参数	-10%		-5%		5%		10%	
	误差/%	速度/km/h	误差/%	速度/km/h	误差/%	速度/km/h	误差/%	速度/km/h
质心 X 轴坐标	3	79	2.6	78	2.5	78	4.8	72
质心 Y 轴坐标	6.5	79	2.5	77	3.8	83	3.4	79
车头方向	1.4	79	2	79	2.8	79	1.3	80
附着系数	—	—	—	—	—	—	—	—
减速度	1.4	80	1.7	80	2.4	80	2.8	80
初始速度	—	—	—	—	—	—	—	—

备注：在研究主要碰撞初始参数是否对事故模拟结果产生影响时，附着系数的大小分别为 0.55、0.65、0.75、0.85；车辆 1 在整个过程中没有采取制动减速措施，而碰撞前车辆 2 处于静止状态。

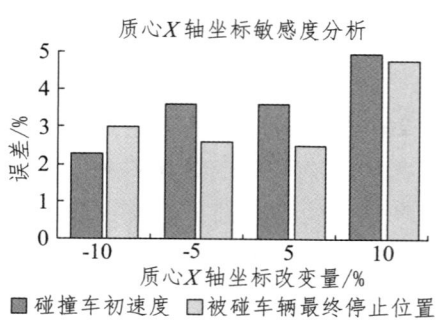

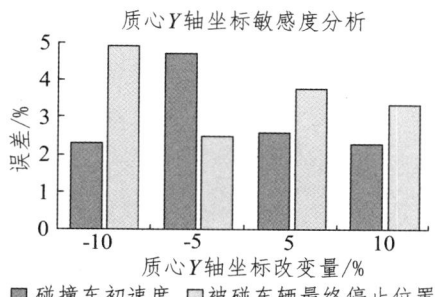

图 3.27　质心 X 轴及 Y 轴坐标敏感度分析图

由质心 X 轴及 Y 轴坐标敏感度分析图 3.27 观察得出，当质心 X 轴及 Y 轴坐标改变量从 -10% 变到 $+10\%$ 时，碰撞车辆的初速度和被碰车辆最终停止点位置的误差值最大达到 11%，最小值为 2.3%，误差数值的波动性比较大。所以，初始位置的微小变化将会引起事故分析结果的很大变化，事故仿真获取的车辆轨迹会因初始位置定义的不同而呈现不一样的结果。因此，我们可以确定车辆初始位置这个参数的敏感度很高，在事故再现过程中需要更精准的质心坐标来确保分析结果的准确性。

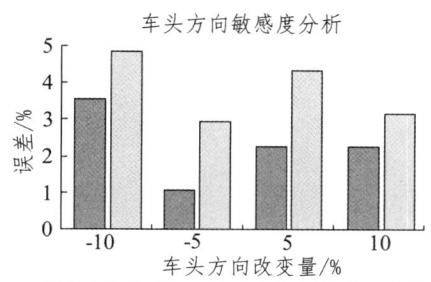

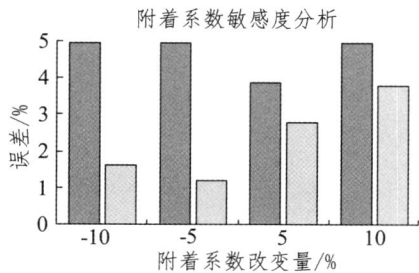

图 3.28　车头方向及附着系数敏感度分析图

从图 3.28 分析得到，当车头方向改变量在-10%~+10%时，车辆初速度误差值波动大约为 2.9%，被碰车辆的最终停止点位置误差值发生了 3.2%的改变。因此，车头方向改变量对事故再现中主要参数的影响较大。同理，附着系数的敏感度也较高。

当地面处于溜滑状态时，地面附着系数变得很小，此时汽车若失去动力，可以继续滑行一段距离。但是，一般很难准确地进行地面附着系数测量，大多使用滑动测量法来获取参数值。附着系数在很大程度上由路面的种类和状况决定，当然也受行驶速度的影响。在雨天，当汽车遇到紧急情况采取刹车措施时，轮胎在潮湿的路面上开始打滑。这是因为下雨时路面的附着系数很小，而干燥路面的附着系数很大，这也说明了附着系数对车辆行驶起着重要作用，参数的敏感度比较高。

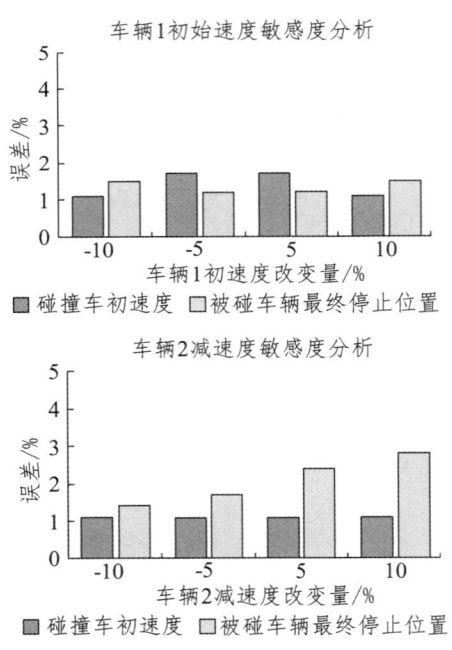

图 3.29　减速度及初速度敏感度分析图

在这个试验中，对图 3.29 中的参数值进行分析，发现减速度的改变并没有给碰撞车辆的初速度值带来很大的变化。原因是车辆右后轮严重变形，车辆 2 的减速度被设置为定值，其敏感度不高。而车辆的初速度十分重要，初速度的大小严重影响事故仿真结果的准确性和分析时间等，所以在估算初速度时，应当充分利用事故现场遗留下来的信息，以保证初速度估算的精确度。

参数权重的影响力与案例的实际情况存在很大关系，不同的参数值在不同案例中呈现的敏感度不同。所以，单一地研究某个参数值在案例中的敏感度是不足的，应当尽可能多地在多个案例中进行参数的敏感度探讨，最终获取敏感度高的一些参数。在参数的敏感度研究中，控制变量法的应用是切实有效的。根据实验结果明确了九个敏感度较高的因子，分别为：碰撞前车速、车重、碰撞点位置、质心高度、车辆碰撞位置、加/减速度、摩擦系数、碰撞恢复系数、接触平面角度。

3.3 重要参数初始值的获取方法

在事故责任认定时，如何根据事故现场痕迹来推算事故发生前车辆的运动轨迹、驾驶方式和事故起因已成为交管部门必须要解决的问题。大部分交通事故的发生极为突然且整个过程短暂，仅仅依靠目击证人和现场痕迹反推事故前车辆的准确状态是不可能的，因此，必须结合汽车动力学原理和计算机仿真技术，运用分析和实验的方式方法来逆推事故发生前机动车的运动状态。

3.3.1 事故碰撞车速的确定

车速是各种交通事故分析中首要考虑的参数，是事故鉴定的核心，因此，车速的推算成为整个机动车事故再现的一个重要环节。仿真中主要利用能量守恒、动量守恒和弹性力学等有关知识求解事故前的车速。

1. 根据轮胎制动痕迹求解速度

交通事故发生后，在事故现场通常会留下一些诸如制动印痕、车体抛洒物和车辆位置等信息。因为刹车时，轮胎在地面留下的痕迹是现场相对有用的信息，所以，轮胎印痕可以说明事故发生前后事故车辆的行车轨迹、轮胎状态和采取制动的时间。轮胎印痕还可以用于分析碰撞前车速的粗略值和碰撞部位等。轮胎与地面摩擦留下的痕迹主要分为拖印、侧滑印、滚印和压印等几种，其中，拖印是由轮胎刹车抱死与地面拖拉产生的；侧滑印通常出现在被撞车辆上，由车体侧面被撞击轮胎与地面摩擦产生；滚印是由汽车车轮滚动时留下的痕迹；压印是在机动车采取刹车措施但未抱死的情况下，轮胎与地面摩擦留下的痕迹。

当机动车车辆采取紧急制动措施时，在轮胎抱死情况下，汽车的绝大部分动能将通过摩擦转化为内能损耗掉。根据功能转换原理，汽车消耗掉的动能在数值上等于转化成的内能。即

$$\frac{1}{2}mv_2^2 - \frac{1}{2}mv_1^2 = -\sum \int_0^t F_i(t)\mathrm{d}t \quad (3\text{-}1)$$

$$\frac{1}{2}mv_2^2 - \frac{1}{2}mv_1^2 = -\sum F_i s_i \quad (3\text{-}2)$$

式中，v_1 为机动车采取制动前的速度；v_2 为碰撞时的速度；F_i 为汽车在制动过程中受到阻力的总和，数值上约等于轮胎与地面的摩擦力；s_i 为机动车采取制动措施这个过程行驶的距离。

机动车驾驶员从开始识别危险至踏下制动踏板的整个阶段，可能不会留下连续的印痕，其原因是行驶过程中汽车的动能或势能转化成摩擦做功的热能。因为摩擦系数与地面干湿程度、轮胎磨损程度以及空气湿度等有关，所以在驾驶员采取制动措施到停车的整个过程中，摩擦力很不稳定，同时在轮胎抱死前轮胎与地面的摩擦力比其抱死后的摩擦力大，因此，需要利用公式（3-2）求得摩擦力的总功。求解摩擦力所做的功，其前提是测定摩擦力数值、印痕种类及长度。

轮胎与地面因摩擦遗留下的痕迹，可以作为事故车辆速度推断的重要依据，但是痕迹的起点却不容易确定，所以确定痕迹的长度也较为困难。测量印痕起点的困难表现为：（1）一般事故车辆在留下印痕之前已采取制动措施，且车轮在未抱死之前摩擦力较大；（2）每个车轮的印痕长度不等且出现时间不同，解决办法是求取四个印痕的均值作为车辆刹车印痕。相对于机动车刹车起点的确定，刹车终点的确定很明确，但仍

然存在以下不利因素：（1）机动车车辆在发生紧急刹车后可能出现滑移，滑移的痕迹会掩盖直线减速的痕迹，从而影响刹车痕迹长度的测量；（2）刹车后即使没有出现滑移，前后轮的痕迹也会重叠在一起，这种情况会影响刹车终点的判断，解决方案是从最长的刹车痕迹减去轴距的一半作为最终的刹车痕迹。

获取摩擦力 F_i 的过程较为复杂，复杂之处在于以下几点：（1）不同车型的情况均会影响摩擦力求解；（2）事故路段的路况会影响摩擦力求解；（3）装载方式的不同会影响车体质心，而质心的位置也会影响摩擦力求解。因此，在处理事故现场时，不可能要求交管人员使用繁杂的公式来求解摩擦力的大小，必须使用一套较为简单且切合实际的方法来求解摩擦力的大小并进一步求出车速[48]。

下面针对事故车辆为轿车的情况进行分析。已知车辆在空载状态下前后轴的载荷比为 β（通常 $\beta>1$），意味着车的前部较重。由于驾驶员相对车体质量较小，可以忽略驾驶员对车体质心的影响。在车辆满载情况下，质心会后移。但是由于小汽车质心较低，制动措施也会将质心前移，所以可以将此类情况与空载情况合并分析。将车体质量均分于各个车轮，较容易求得每个车轮与地面之间的摩擦力。

小汽车左前轮和右前轮与地面之间的摩擦力为：

$$F_i = \frac{1}{2}u\frac{\beta}{1+\beta}mg \tag{3-3}$$

小汽车左后轮和右后轮与地面之间的摩擦力为：

$$F_i = \frac{1}{2}u\frac{1}{1+\beta}mg \tag{3-4}$$

针对大客车或大货车这类事故车辆而言，相比于小轿车，大车的轴距很长，车身质量分布的不均匀状况会极大地影响到摩擦力的求解，所以不能用上述方法求解摩擦力。当客车或货车为空车时，前后轴的载荷比为 β_1；在满载情况下，前后轴的载荷比为 β_2；在均匀装载情况下，实际载重与满载比值为 η。

利用差值法求解实际载荷比：

$$\beta = \eta(\beta_2 - \beta_1) + \beta_1 \qquad (3\text{-}5)$$

考虑制动减速度的作用，假设车辆的轴距为 L，实际质心高度为 h_g，则前后轴各个车轮的摩擦力分别为：

客车或货车左前轮和右前轮与地面之间的摩擦力为：

$$F_i = \frac{1}{2} u \left(\frac{\beta}{1+\beta} + u \frac{h_g}{L} \right) mg \qquad (3\text{-}6)$$

客车或货车左后轮和右后轮与地面之间的摩擦力为：

$$F_i = \frac{1}{2} u \left(\frac{1}{1+\beta} - u \frac{h_g}{L} \right) mg \qquad (3\text{-}7)$$

从现实情况考虑，汽车在采取制动时，其全部车轮不一定会一起抱死，首先针对前轮抱死或后轮未抱死的情况展开研究。由于在采取制动时轮胎不会立即抱死，所以有一段距离不存在印痕。因此，我们引进制动印痕修正系数 K_i，用于修正制动距离。使用 $Fis_{\max}K_i$ 求解印痕的长度小于车辆在制动距离情况下的制动距离，此时 $K_i \in [0,1]$。根据以上内容可知，以制动拖印来运算损失速度的公式为：

$$\begin{aligned}&\frac{1}{2}mv_2^2 - \frac{1}{2}mv_1^2 \\ &= -\frac{1}{2}umgs_{\max}\left[\left(\frac{\beta}{1+\beta}+u\frac{h_g}{L}\right)(K_1+K_2)+\left(\frac{1}{1+\beta}-u\frac{h_g}{L}\right)(K_3+K_4)\right]\end{aligned} \qquad (3\text{-}8)$$

简化公式为：

$$\begin{aligned}&v_2^2 - v_1^2 \\ &= -ugs_{\max}\left[\left(\frac{\beta}{1+\beta}+u\frac{h_g}{L}\right)(K_1+K_2)+\left(\frac{1}{1+\beta}-u\frac{h_g}{L}\right)(K_3+K_4)\right]\end{aligned} \qquad (3\text{-}9)$$

式中，β 为事故车辆前后轴的载荷比，就小车而言，选取空车的载荷比；就大货车和客车而言，需要近似取值 $\beta = \eta(\beta_2 - \beta_1) + \beta_1$。$K_1, K_2, K_3, K_4$ 分别为各轮造成印痕的修正系数，$s_{\max}$ 为最长印痕的长度，h_g 为事故车辆的质心高度。当事故车辆为四驱车时，$K_1 = K_2 = K_3 = K_4 = 1$。通常情况下，制动后车速最终为 0，即 $v_2 = 0$，所以公式（3-9）可以简化为：

$$v_1 = \sqrt{2ugs} \qquad (3\text{-}10)$$

根据上述各式，可以求得机动车车辆的印痕 s，再代入式（3-10）后可以求得事故车辆在制动前的速度。在已知事故车辆初速度的前提下，可以得到路面的摩擦系数。因此，事故车辆印痕的长度是求解车辆速度的一个极为宝贵的条件。

当制动效果不是完全依靠车轮与地面摩擦实现时，根据印痕求解事故车辆初速度的公式如表 3.6 所示。

表 3.6　不同制动方式的初速度计算公式

制动方式	初速度/m/s		
	水平道路	上坡	下坡
制动作用在全部车轮上	$v_0 = \sqrt{2g\mu s}$	$v_0 = \sqrt{2g(\mu+i)s}$	$v_0 = \sqrt{2g(\mu-i)s}$
仅有前轮制动	$v_0 = \sqrt{2s\left[\dfrac{ugd}{b-uh}\right]}$	$v_0 = \sqrt{2s\left[\dfrac{(u+i)gd}{b-(u+i)h}\right]}$	$v_0 = \sqrt{2s\left[\dfrac{(u-i)gd}{b-(u-i)h}\right]}$
仅有后轮制动	$v_0 = \sqrt{2s\left[\dfrac{ugx}{b+uh}\right]}$	$v_0 = \sqrt{2s\left[\dfrac{(u+i)gx}{b+(u+i)h}\right]}$	$v_0 = \sqrt{2s\left[\dfrac{(u-i)gx}{b+(u-i)h}\right]}$
仅有一个车轮和一个后轮制动	$v_0 = \sqrt{2g\mu s}$	$v_0 = \sqrt{2g(\mu+i)s}$	$v_0 = \sqrt{2g(\mu-i)s}$

表 3.6 中，i 为坡度，b 为轴距，x 为质心到前轴的长度，d 为质心到后轴的长度，u 为摩擦系数，其取值可参考表 3.7。

表 3.7　国标中车辆与地面之间摩擦系数参考值[49]

摩擦系数		干燥路面		潮湿路面	
		48 km/h 以下	48 km/h 以上	48 km/h 以下	48 km/h 以上
混凝土路面	新路	0.80~1.00	0.70~0.85	0.50~0.80	0.40~0.75
	交通量比较小的公路	0.60~0.80	0.60~0.75	0.45~0.70	0.45~0.65
	交通量比较大的公路	0.55~0.75	0.50~0.65	0.45~0.65	0.45~0.60

续表

摩擦系数		干燥路面		潮湿路面	
		48 km/h 以下	48 km/h 以上	48 km/h 以下	48 km/h 以上
沥青路面	新路	0.80~1.00	0.60~0.70	0.50~0.80	0.45~0.75
	交通量比较小的公路	0.60~0.80	0.55~0.70	0.45~0.70	0.40~0.65
	交通量比较大的公路	0.55~0.75	0.45~0.65	0.45~0.65	0.40~0.60
	焦油过多的公路	0.50~0.60	0.35~0.60	0.30~0.60	0.25~0.55
铺砂子的公路		0.40~0.70	0.40~0.70	0.45~0.75	0.45~0.75
灰渣捣实的公路		0.50~0.70	0.50~0.70	0.65~0.75	0.65~0.75
平坦的冰路面		0.10~0.25	0.07~0.20	0.05~0.10	0.05~0.10
雪压实的路面		0.30~0.55	0.35~0.55	0.30~0.60	0.30~0.60

2. 运用物件平抛规律求解车速

为了准确求解车速，我们需要借助其他手段确定事故车辆碰撞的初速度，其中事故现场汽车灯罩碎片、后视镜碎片和挡风玻璃碎片抛洒距离是一个确定事故车辆碰撞初速度的重要信息[50]。

运用经典物理学中平抛物体的理论运动距离公式计算交通事故中的车速，则汽车碰撞前的速度就可以通过确定的玻璃碎片高度和抛距求出，如图 3.30 所示。

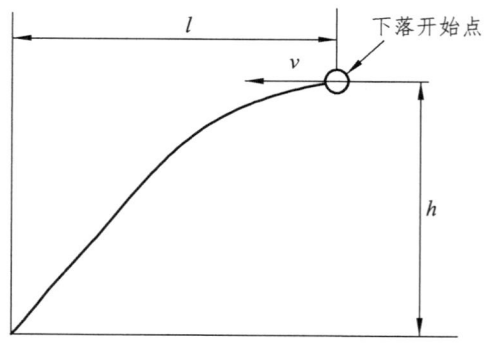

图 3.30 物体平抛后降落的过程

由于事故车辆的挡风玻璃和灯罩高度不同，其随意散落的距离也有

一定差距。由图 3.31 可知，在未知碰撞点的情况下，

$$v = 3.6l_1\sqrt{\frac{g}{2h_1}} = 3.6l_2\sqrt{\frac{g}{2h_2}}$$

因此，可以通过公式（3-11）来推算交通事故中汽车碰撞的初速度：

$$v = 3.6\sqrt{\frac{g}{2}}\frac{\Delta l}{\sqrt{h_1 + h_2}}(\text{km/h}) \qquad （3-11）$$

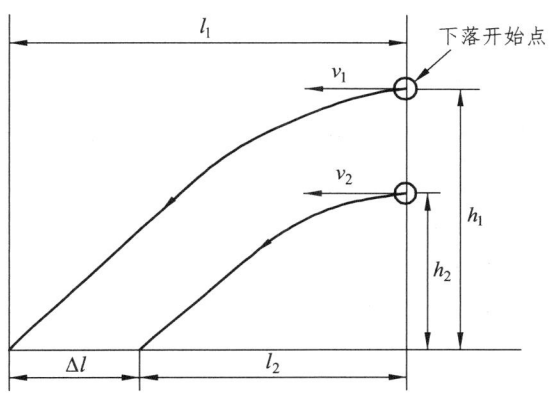

图 3.31　不同高度抛落物体的区别

通过对现场汽车挡风玻璃和灯罩碎片的实际测量发现，事故碰撞后根据汽车挡风玻璃和灯罩碎片计算得到的速度与实际速度有一定出入。由于汽车挡风玻璃和灯罩碎片在落地后会以弹跳、滑动和滚动的方式继续前进，因而求得的速度较大。但是根据汽车挡风玻璃和灯罩碎片求得的速度可以作为汽车初速求解的一个参考速度。

3. 根据汽车档位计算事故车速度

由汽车相关知识可知，汽车使用的档位不同，其行驶速度也不同，其关系为：

$$v = \frac{2\pi r n \eta}{60 i_g i_0} = 0.377\frac{rn\eta}{i_g i_0} = 0.377\frac{rn_0 k\eta}{i_g i_0} \qquad （3-12）$$

式中，v 为汽车的行驶速度，单位为 km/h；k 为汽车油门的开度；i_0 为主

减速器传动比；i_g 为减速器传动比；r 为车轮外径；n 为发动机空载转速；n_0 为发动机负载转速；η 为传动效率。

利用公式（3-12）求解事故车辆初速度时，客车或货车的传动效率可选为 0.82~0.85，轿车传动效率为 0.9~0.92，越野车传动效率为 0.8~0.85。此外，油门开度 k 的取值是依据经验来获取的，通常取为 0.8。在事故现场没有获得充分证据来推断碰撞前的车速时，可根据挡位及公式（3-12）来求得事故车碰撞初速度。

4. 按照路面积水情况获取事故车速

车辆在有积水的路面上行驶时，轮胎与地面之间的摩擦系数也随之变小，导致车辆受到的摩擦力减小。为避免这种情况出现，常见的做法是加大接触面压力或减小车速，以保证积水尽快排出。如果在积水路面快速行驶，轮胎与地面间的相对接触面积会减小。而在高速行驶中，轮胎可能存在与地面脱离的情况，这个时候非常容易出现水膜侧滑。如何确定何时将出现水膜侧滑现象，可通过如下两个速度公式来计算：

$$v = 63.5\sqrt{p} \quad (3\text{-}13)$$

式中，p 为胎压，单位为 kgf/cm²（1 kgf/cm² = 9.8×10⁴ Pa）；轿车的胎压取为 1.5~2.0 kgf/cm²；货车和大客车取为 3.5~6 kgf/cm²。

$$v = 1590.8\sqrt{\frac{Q}{BtC_h}} \quad (3\text{-}14)$$

式中，Q 为轮胎载荷；t 为水膜厚度；B 为轮胎接触地面纵向长度；C_h 为升力系数；对子午线轮胎，该系数为定值，$C_h = 59$。

机动车在小雨和刚开始下雨的时候最可能出现水膜侧滑现象。此外，当车速过快且行驶在有局部积水或洒落液体的路面上，因需要紧急制动时，轮胎与路面液体接触而引发水膜滑溜现象发生。

5. 按照车辆形变量获取事故车速

机动车车身在事故中因碰撞会产生形变，并且形变的大小与事故车辆的车速有对应关系，因此，形变量是一个用于确定事故车辆速度的重要参数，其最大形变量与车速的关系为：

$$x_0 = 0.01386 v_0 \tag{3-15}$$

$$v_0 = \frac{x_0}{\delta} = \frac{x_0}{0.01386} \tag{3-16}$$

式中，v_0 为汽车撞击固定障碍物时的车速，x_0 为汽车撞击后的最大形变。

由此公式推导出的汽车变形与实际测量的变形量相一致[51]。该实验的数据库包括欧美和日本的各式车辆数据，当汽车与建筑、山体或石块碰撞时，$\delta = 0.0149$；当车辆与车辆发生碰撞时，$\delta = 0.0095$。上述研究只适用于发动机前置的机动车，因为发动机前置会在结构上有一定的加强作用，而对于发动机后置的车辆碰撞测量，则不能使用该方法。

此外，还有一些情况也不能使用上述公式。比如，汽车相撞时不是正碰的情况；汽车与公路护栏的碰撞不是正碰的情况；小汽车与大货车相撞，小汽车钻进大货车底部的情况。这些情况往往使碰撞变形不规则，受力不处于结构中心上，所以不能使用上述理论来解决，需要利用公式（3-17）对上面各种情况进行修正：

$$v_0 = k \frac{x_0}{0.0095} \tag{3-17}$$

依照车辆碰撞部分的结构不同，k 取值在 0~1 范围内。上述探究的是如何获得事故车辆的速度，条件适用于碰撞固定障碍物或被撞车辆的质量很大且碰撞后动能变化不明显的情形。如果知道碰撞两车的车速，应联合方程组进行求解：

$$\begin{cases} v_{e1} = \dfrac{m_2}{m_1 + m_2}(v_{10} - v_{20}) = \dfrac{x_1}{\delta_1} \\ m_1 v_{10} + m_2 v_{20} = m_1 v_1 + m_2 v_2 \\ v_1 = \sqrt{2u_1 g s_1 k_1} \\ v_2 = \sqrt{2u_2 g s_2 k_2} \end{cases} \tag{3-18}$$

式中，v 为事故车辆等效碰撞速度；v_1，v_2 分别是碰撞前后两车的速度。

如果另一被撞物为固定障碍物，即 $v_{20}=0$，m_2 则无穷大，利用公式（3-18）的第一式就能直接求取碰撞前事故车辆的速度。

通过对以上车速的计算方法的介绍，可以了解怎么利用现有条件计算事故车辆的速度。除了这些方法，还有很多方法来获取车速，这里就不做进一步地阐述了。

3.3.2 车辆碰撞中心坐标确定方法

根据参数敏感度研究，车辆碰撞中心坐标参数权重相对较大。在利用软件 Pc-crash 对事故进行再现过程时，需要输入车辆碰撞中心点坐标。如果需要求解碰撞中心坐标，可以运用车辆碰撞痕迹的研究方法进行求解。而撞击痕迹的位置是最能反映碰撞点信息的，对撞击点的确定，基本依靠车体被撞击的凹痕、残留物和撞击部位进行综合分析。

如果有 A 和 B 两机动车发生碰撞，碰撞后的痕迹如图 3.32 所示，在撞击现场图中建立坐标系，车辆的撞击区域为一个三角形。结合各车质心和车长、车宽等数据可以求得撞击三角形 *abc* 的顶点坐标。将撞击三角形各个顶点坐标数值输入 Pc-crash 碰撞菜单中，然后点击仿真开始，运算结束后可以得到撞击点坐标的大概数值。为进一步精确地获取撞击中心坐标，可以以已求解的撞击中心为起始点，一定长度为步长，进行多次优化，最终可以得到精确的撞击点坐标。

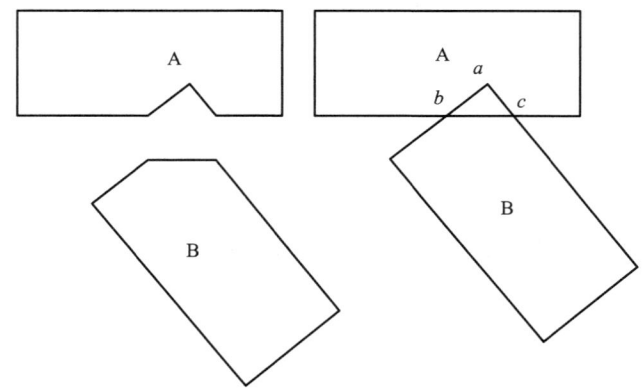

图 3.32 车辆碰撞假设模型

3.3.3 车辆碰撞初始位置的获取方法

车辆碰撞位置的确定是事故分析的基础，是剖析鉴定事故责任的主要依据。

1. 依据轮胎痕迹判断事故车辆碰撞初始位置

根据动量定理，在动量一定情况下，作用时间与作用力成反比。车祸事故发生时的作用时间十分短暂，所以车辆受到的作用力非常大。以被撞车辆为研究对象，被撞车辆在非常短的时间受到非常大的作用力，车体会产生极大的加速度，在某些情况下加速度可以达到 10 倍重力加速度。一般情况下，路面上遗留轮胎刹车痕迹和碰撞结束后遗留的痕迹会有一个转折点，这个点可以作为事故发生点来处理，并且通过转折点后的痕迹可以判别事故后车辆的运动方向。但是在某些情况下，事故前后车辆司机会猛打方向盘导致事故后车辆轨迹紊乱，这可能影响到事故点的判别。

在事故发生前的一小段时间内，事故车辆的司机在多数情况下会采用紧急制动措施，碰撞后车辆会改变原来的运动轨迹，并且会发生滑移现象，所以在路面上遗留下显著的痕迹转折。了解了这个原理，我们便可以获取碰撞点。

2. 车痕啮合法获取车辆碰撞初始位置

根据轮胎印迹来获取事故车辆碰撞的初始位置，但现场路面轮胎印迹不清晰，且碰撞碎片分布散乱，通过刹车印迹转折点来获得碰撞初始位置不具有可行性。这种情况下，我们可以利用车痕啮合法来推断碰撞初始位置。

运用拓印技术时，要求碰撞车辆按撞痕啮合，按照车辆本身的比例将其制作成模型[52]，如图 3.33 所示；再将碰撞车辆所在的车道两侧作为基线，向路中心半个车宽做两条辅助线，辅助线之间的距离为车辆发生事故前的行驶范围，如图 3.34 所示。接下来分别将两车的质心沿着各自辅助线的中心线移动直至重合，重合点为碰撞点。

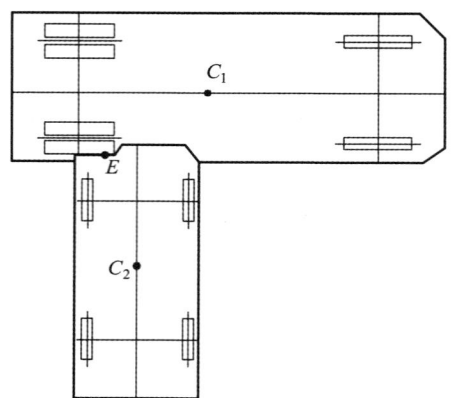

图 3.33 事故车辆撞痕啮合模板

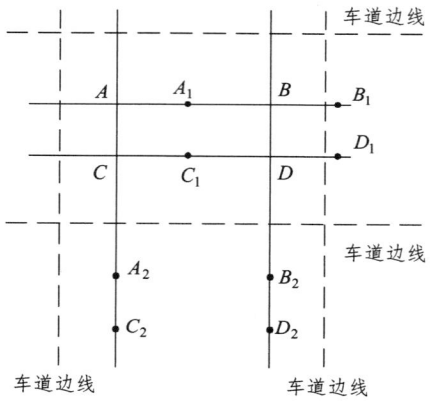

图 3.34 事故车辆行驶范围

最后在水平面建立坐标系,并将事故车辆的各项参数数据化,求出该条件下碰撞点可能存在的范围,再在范围内找出确切的碰撞点的信息,比如轮胎痕迹转折点、碰撞车的方向角等。将上述参数代入模型:

$$A_i x_i = b_i$$

能够计算出碰撞前两车的初速度 x_i。式中,$x_i = (v_{10X}, v_{10Y}, v_{20X}, v_{20Y}, \omega_{10}, \omega_{20})^T$,其下标编号 i 表示可能的碰撞点编号,以事故车辆碰撞前车速方向角 α_{10},α_{20} 为优化参数,并以此建立优化准则。

$$\alpha_{10} = \arctan\left(\frac{v_{10Y}}{v_{10X}}\right) = 0°, \quad \alpha_{20} = \arctan\left(\frac{v_{20Y}}{v_{20X}}\right) = 90° \quad (3\text{-}19)$$

在事故车辆行驶范围内实行网格划分，不停地重复运用上述仿真方法，直到找出满足优化准则的碰撞初始位置为止。

通过其他分析方法也可以获得事故车辆的碰撞的大概位置。例如，依据车灯罩和挡风玻璃碎片抛撒位置来推断碰撞位置；根据车身上附着物剥落落下的位置判定碰撞位置点；根据车辆最终位置和初始位置也可以反推得到碰撞发生的位置。

3.3.4 车辆质心位置获取方法

在车辆碰撞模型中，一般需要获取车辆质心的确切位置，因此，质心位置选取得准确与否将直接影响到事故再现结果的可信度。一般的，汽车出厂时，厂家不会提供该款车的质心情况，但是会给出轴距和满载载荷分布等信息，利用这些信息可以获取事故车辆的质心位置。

汽车结构比较复杂，各个系统或总成部件的结构形式不尽相同，并且汽车的内部构造并不是左右和前后均匀分布的，这样就造成质心不在几何中心的问题。但是汽车的左右分布较为均衡，在误差允许条件下可以认为质心在车的中轴线上，这样的简化可以大大降低求取质心位置的难度。

若想确定车辆及其货物的质心，首先需要获得以下参数值[53]：

（1）空载状态下车体的总质量；

（2）车体处于水平状态时，车辆前轮承受的重量；

（3）将车体后轮顶起一定高度时，两个前轮所承受的重量；

（4）在车辆一侧的前轮和后轮所承受的重量。

当机动车空载时，可以通过称重法来获取车辆质心的位置。空车质心的求解方法：把被测车辆置于装有电子秤的水平地面上，可以测得后轮垂直载荷 R_r，如图 3.35 所示，对前轮与地面接触点取转矩得到：

$$x = \frac{R_r b}{mg} \quad (3\text{-}20)$$

质心竖直高度的确定方法：把车辆置于倾角 θ 且自带重力计的斜面上，如图 3.36 所示。直接测出作用在后轮的垂直荷载 R_r，将重力和垂直

荷载 R_r 对前轮与地面的接触点取矩得到：

$$h = \frac{mgx - R_R b}{mg \tan \theta} \quad (3-21)$$

式中，x 为汽车前轮轴距质心的距离；b 为汽车轴距长度；R_R 为前轮被支起时，加载在后轮上的作用力；mg 为车辆总质量；h 为车辆质心的垂直高度；θ 为斜坡角度。

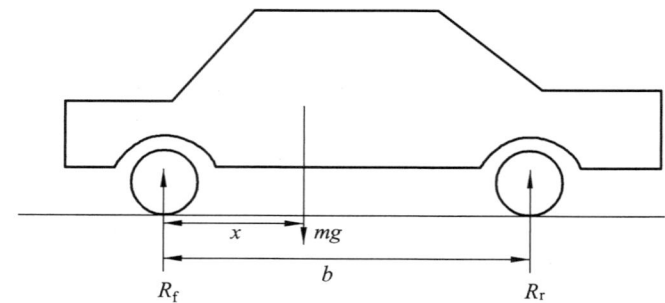

图 3.35 质心：纵向车辆水平位置

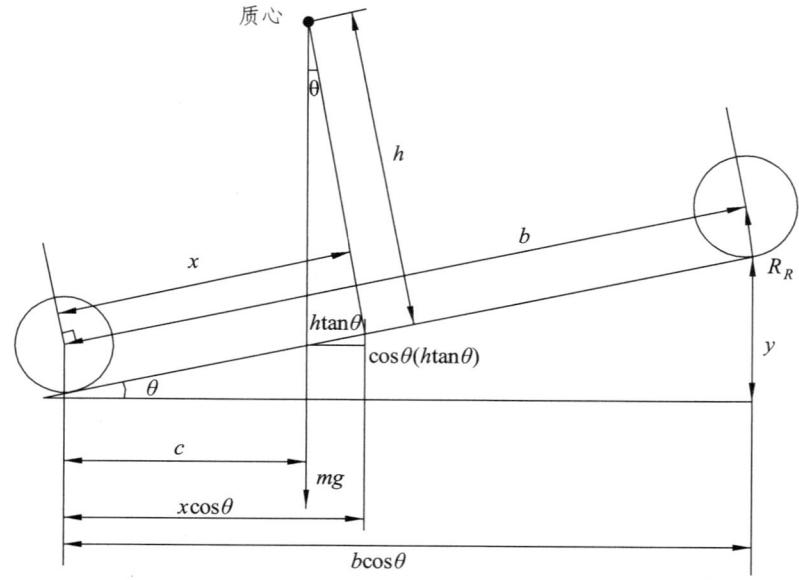

图 3.36 质心竖直高度确定

以上介绍的方法是计算车辆空载状态下质心位置的数值。可是现实案例中车内座位分布情况、乘员的人数及车载货物的质量和位置都是非常复杂的,这些参数将直接作用到车辆的质心位置,可用以下两种方法解决这个问题:

首先利用实验法,在保证事故车辆装载情况不变的同时,采用称重实验获取在此种条件下车辆的质心位置。

其次是计算法,通过质心原理求解车辆与装载物的总体质心位置,如下:

$$\begin{cases} \overline{d} = \dfrac{\sum\limits_{i=1}^{n} m_i d_i}{\sum\limits_{i=1}^{n} m_i} \\ \overline{h} = \dfrac{\sum\limits_{i=1}^{n} m_i h_i}{\sum\limits_{i=1}^{n} m_i} \end{cases} \quad i = 1, 2, 3, \cdots, n \quad （3\text{-}22）$$

式中,$\overline{d}$ 为装载货物后,质心距前轴的纵向距离;$\overline{h}$ 为汽车满载状态下,质心的竖向高度;m_i 为事故车辆的总质量。

4 基于事故正反再现的车辆碰撞参数仿真分析

4.1 基于动量/冲量守恒的事故车辆模型的建立

4.1.1 车辆运动模型

在发生碰撞事故时,车辆可以被当作刚体来处理。建立模型时使用了三个坐标系:XYZ 地面惯性坐标系,以车辆质心为原点的车辆坐标系 $X'Y'Z'$,轮胎坐标系 $X''Y''Z''$,如图 4.1 所示。

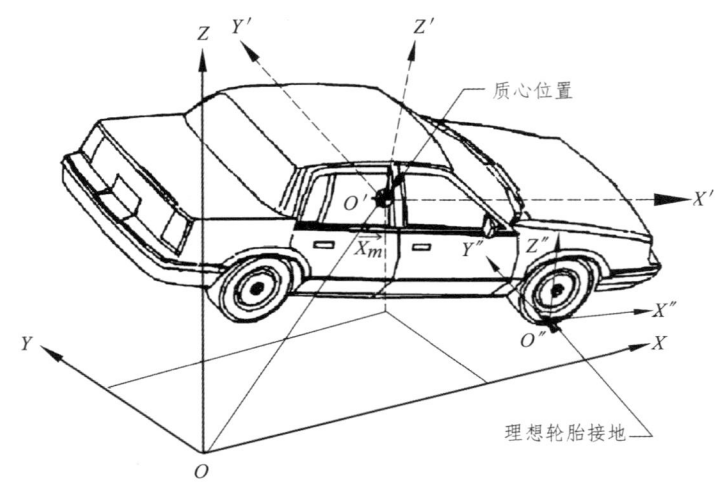

图 4.1 坐标系定义

每个坐标系的原点和方向描述如下:

由图 4.1 观察可得,车辆坐标系中,X' 轴正方向为车辆行进方向,Y' 轴正方向为从车辆质心处指向车辆左侧,Z' 轴正方向为从车辆质心处指向上方。轮胎坐标系的原点为轮胎与地面某一接触点,X'' 轴正方向为车头方向，Y'' 轴正方向为接触点指向车辆左侧，Z'' 轴正方向指向上方。矢量 $\overrightarrow{X_m}$ 表示车辆质心在惯性坐标系中的位置。碰撞过程中，如果车身旋转，则由旋转矩阵来表述，旋转矩阵可以看作由 X,Y 和 Z 三个方向的旋转 ϕ_1,ϕ_2,ϕ_3 和向量组成的。旋转运算先从 X 轴算起，其次为 Y 轴，最后为 Z 轴[54]（见图 4.2）。

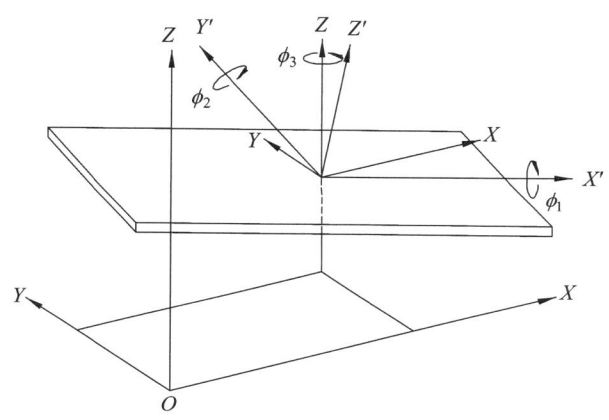

图 4.2　车身旋转分量模型

从惯性坐标系到车辆坐标系转换的旋转矩阵定义如下[55]：

关于 Z 轴的旋转（ϕ_3）：

$$\boldsymbol{M}_3 = \begin{bmatrix} \cos\phi_3 & \sin\phi_3 & 0 \\ -\sin\phi_3 & \cos\phi_3 & 0 \\ 0 & 0 & 1 \end{bmatrix} \qquad (4\text{-}1)$$

关于已旋转过的 Y' 轴的旋转（ϕ_2）：

$$\boldsymbol{M}_2 = \begin{bmatrix} \cos\phi_2 & 0 & -\sin\phi_2 \\ 0 & 1 & 0 \\ \sin\phi_2 & 0 & \cos\phi_2 \end{bmatrix} \qquad (4\text{-}2)$$

关于已旋转过两次的 X' 轴的旋转（ϕ_1）：

$$\boldsymbol{M}_1 = \begin{bmatrix} 1 & 0 & 0 \\ 0 & \cos\phi_1 & \sin\phi_1 \\ 0 & -\sin\phi_1 & \cos\phi_1 \end{bmatrix} \qquad (4\text{-}3)$$

则任意旋转为：
$$T = M_1 M_2 M_3 \tag{4-4}$$
即
$$T = \begin{bmatrix} \cos\phi_2\cos\phi_3 & \cos\phi_2\sin\phi_3 & -\sin\phi_2 \\ \sin\phi_1\sin\phi_2\cos\phi_3 - \cos\phi_1\sin\phi_3 & \sin\phi_1\sin\phi_2\cos\phi_3 - \cos\phi_1\sin\phi_3 & \sin\phi_1\cos\phi_2 \\ \cos\phi_1\sin\phi_2\cos\phi_3 + \sin\phi_1\sin\phi_3 & \sin\phi_1\sin\phi_2\cos\phi_3 - \cos\phi_1\sin\phi_3 & \cos\phi_1\cos\phi_2 \end{bmatrix} \tag{4-5}$$

影响车辆碰撞后运动轨迹的因素主要有重力、轮胎与地面摩擦力和多体接触力[56]。在简化模型中，我们只考虑摩擦力和重力，可以将车体当作刚体来处理。

4.1.2 车辆碰撞模型

1. 运动方程式

按照经典力学公式求得车辆运动轨迹为：
$$m\vec{a} = \sum \vec{F} \tag{4-6}$$
则车辆的加速度为：
$$\vec{a} = \sum \frac{\vec{F}}{m} \tag{4-7}$$
根据角动量守恒，列出下面公式：
$$\vec{L}_m = \sum \vec{M} \tag{4-8}$$
式中，$\vec{L}_m$ 为被仿真车辆的角动量；$\vec{M}$ 为车辆承受的外力矩。

2. 碰撞模型

如果设定碰撞力的作用出现在一个无穷小的时间范围内且仅仅作用于一点，此时该点称为"碰撞中心"。按照碰撞类型划分，存在以下情况[57]：（1）碰撞车辆之间没有相对位移的完全碰撞；（2）碰撞车辆存在相对位移的滑动碰撞。由弹性力学知识可以得出结论：碰撞过程存在压缩与回弹两个阶段，该模型是由 Kudlich&Slibar 提出的。

按照弹性碰撞理论可知，碰撞过程中存在压缩阶段和回弹阶段，如果在压缩过程结束后，碰撞双方之间没有相对滑动，则双方可作为一个整体研究，此时碰撞双方拥有同样的速度。由于车辆存在一定弹性，碰撞接触后会很快分开，在整个过程中能量会损失在这个阶段。为了研究损失能量的大小，引进了恢复系数概念[58-59]。一般来说，回弹冲量与压缩冲量两者之间的比值被称作恢复系数，用 ε 表示，ε 值通常在 $0.1\sim 0.3$ 范围内。车辆的变形与回弹系数成反比关系。恢复系数表达式为：

$$\varepsilon = \frac{S_R}{S_C} \tag{4-9}$$

式中，S_R 与 S_C 分别表示运动过程中事故车辆的回弹冲量和压缩冲量。

碰撞的总冲量统计如下：

$$S = S_C + S_R = S_C(1+\varepsilon) \tag{4-10}$$

由完全碰撞理论可以推理得到，碰撞车辆在碰撞第二阶段末的瞬时速度相同[60]。如图 4.3 所示，建立坐标系，原点设置在碰撞中心。由能量守恒定律可以得出两车动量平衡方程。

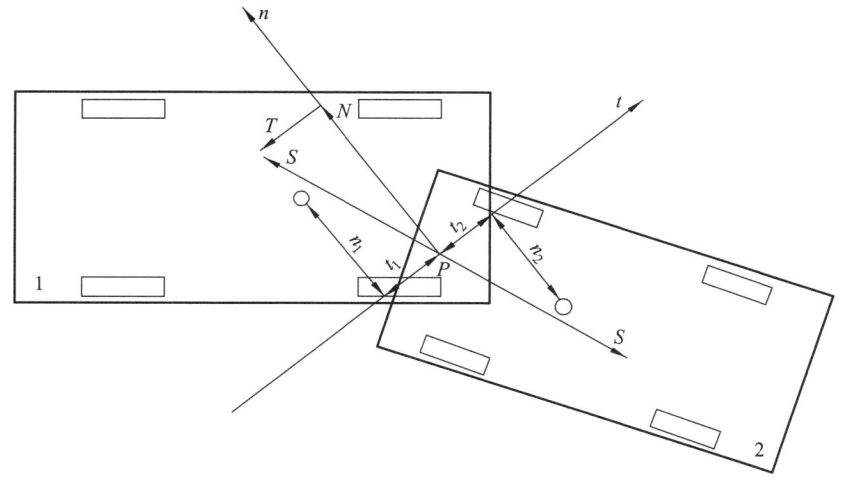

图 4.3 碰撞模型

碰撞两车动量方程式：

$$m_1(v'_{s1t} - v_{s1t}) = T \tag{4-11}$$

$$m_1(v'_{s1n} - v_{s1n}) = -N \tag{4-12}$$

$$m_2(v'_{s2t} - v_{s2t}) = -T \tag{4-13}$$

$$m_2(v'_{s2n} - v_{s2n}) = N \tag{4-14}$$

式中，v_{sit} 和 v_{sin}（$i=1,2$）分别是质心在各自方向的碰撞初速度；v'_{sit} 和 v'_{sin}（$i=1,2$）分别是质心在各自方向的碰撞后的速度；N，T 分别代表 n 和 t 方向的总冲量。

描述碰撞过程中角动量方程如下：

$$I_{1z}(w'_{1z} - w_{1z}) = Tn_2 - Nt_1 \tag{4-15}$$

$$I_{2z}(w'_{2z} - w_{2z}) = -Tn_2 + Nt_1 \tag{4-16}$$

依据上述方程，两车在碰撞中心处相对速度的改变利用下面公式便可求出：

$$V'_t = V_t + c_1 T - c_3 N \tag{4-17}$$

$$V'_n = V_n - c_3 T + c_2 N \tag{4-18}$$

式中，$c_1 = \dfrac{1}{m_1} + \dfrac{1}{m_2} + \dfrac{n_1^2}{I_{1z}} + \dfrac{n_2^2}{I_{2z}}$；$c_2 = \dfrac{1}{m_1} + \dfrac{1}{m_2} + \dfrac{t_1^2}{I_{1z}} + \dfrac{t_2^2}{I_{2z}}$；$c_3 = \dfrac{t_1 n_1}{I_{1z}} + \dfrac{t_2 n_2}{I_{2z}}$。

针对完全碰撞问题，如果压缩阶段后期没有相对位移，则碰撞后两车拥有同一速度。

$$T_C = \frac{V_n c_3 + V_t c_2}{c_3^2 - c_1 c_2} \tag{4-19}$$

$$N_C = \frac{V_n c_1 + V_t c_3}{c_3^2 - c_1 c_2} \tag{4-20}$$

恢复系数表示碰撞物体变形恢复的能力，通过压缩冲量与回弹冲量的比值来获得数值的大小。总冲量计算公式为：

$$T = T_C(1 + \varepsilon) \tag{4-21}$$

$$N = N_C(1 + \varepsilon) \tag{4-22}$$

针对碰撞过程中存在相对位移的问题，碰撞车辆开始接触时，速度均不相同。此时，需要将碰撞的两车质心放于同一水平面上，然后确定接触面的角度和车辆间的相对滑动摩擦系数。根据动力学模型，在确定碰撞前

车辆初始速度前提下,可以求得碰撞后两车的运动轨迹[61-63]。由此可得:

车辆碰撞压缩阶段两车不存在相对位移。摩擦系数受 N_C 和 T_C 数值的影响,即 $T_C = uN_C$。利用公式(4-21)和(4-22)可以求解 T 和 N。

4.2 基于轮胎印迹的事故正反再现方法分析

4.2.1 车辆轮胎印迹简介

在交通事故现场常会留下各种印迹,其中轮胎印迹是非常关键的线索。轮胎印迹按照产生原理一般能够分成常见的胎印、拖印和擦印[64]。

(1)轮胎胎印,即胎面花纹印迹,它是在胎面附有水、油或泥浆时,自由滚动情况下在干燥路面上留下的;在潮湿的砂石路面或松软的路肩及路外的土地上也会留下清晰的轮胎花纹印迹。有时在松软的泥土地面上,还会留下典型的轮胎花纹印模。

(2)轮胎拖印,是指在实施刹车之后,轮胎在惯性力的作用下继续滑行时,轮胎与地面由于滑动摩擦而形成的"刹车拖带"。拖印有时因制动方式及机械原因而在地面上留下的断断续续的不连贯拖印。

(3)轮胎擦印,主要是指侧滑印迹,它是在侧向力或纵向力与侧向力的合力作用下,在地面上形成的搓擦印迹。这种轮胎擦印,如果是在轮胎抱死情况下产生的,可能会出现比轮胎宽的、与拖印相仿的连续印迹;如果是在轮胎自由转动或部分自由转动中受到了侧向力的作用,则可能出现一组斜向排列的平行短线状印迹。

4.2.2 基于轮胎印迹的轨迹优化方法

通过轨迹方程算出的运动轨迹更贴合事故车辆的运动情况,准确度更高,因此,应该对仿真得到的运动轨迹进行优化。进行优化的第一步是设定事故车辆碰撞前的初速度 v_0。根据车辆动力学理论,再结合碰撞理论,能够算出车辆的运动轨迹,该运动轨迹包含轮胎轨迹。通过理论获得的轮胎轨迹与事故现场摄影测量获得的轮胎印迹相对比,如此反复改变初始条件进行优化仿真，可以确保车辆在数值仿真环境下得到的轨迹与实际运行轨迹的差达到最小，认为此时的车辆运动情况接近事实，由此可以得出碰撞接触瞬时的车速。其过程如图4.4所示。

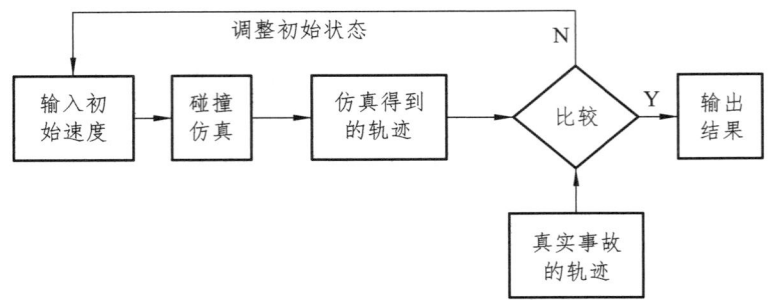

图 4.4 轨迹优化方法

针对常见的交通事故，由交通事故车辆能够获得下面的数值[65]：

P_{Stop}为车辆停止位置（坐标值）；d_{Stop}为车辆停止时的方向矢量；P_{Impact}车辆为碰撞发生时的起始位置；P_{Inter}为车辆中间位置的方向矢量。获得了以上几个数值，就能完成下面的优化函数：

$$Q = \sqrt{\frac{\sum_i (w_i E_i)^2}{\sum_i w_i^2}} \times 100\% \quad (4\text{-}23)$$

式中，E_i为事故车辆获取的参数仿真数值与实际值两者的误差系数；w_i是对应项目的比重值，用于精确约束车辆轨迹优化的进程。

对于车辆i，参数E_i的具体定义如下[66]：

车辆停止位置误差因子的计算公式：

$$E_{Positional_i} = \frac{\left\| P_{Stopsin_i} - P_{Stop_i} \right\|}{\left\| P_{Stop_i} - P_{Impact_i} \right\|} \quad (4\text{-}24)$$

车辆中间位置误差因子的计算公式：

$$E_{PositionalInter_i} = \frac{\left\| P_{Intersin_i} - P_{Inter_i} \right\|}{\left\| P_{Inter_i} - P_{Impact_i} \right\|} \quad (4\text{-}25)$$

车辆停止位置方向误差因子的计算公式：

$$E_{Heading_i} = \frac{\arccos(d_{Stop_i} d_{Stopsin_i})}{\pi} \qquad (4\text{-}26)$$

车辆中间位置方向误差因子的计算公式：

$$E_{HeadingInter_i} = \frac{\arccos(d_{Inter_i} d_{Intersin_i})}{\pi} \qquad (4\text{-}27)$$

为了使优化后的仿真轨迹相对实际运动轨迹准确率更高，要求运用适合的优化算法。因为有些算法需要目标函数中变量的导数参与运算，而应用的变量与函数并不总是呈线性关系，导致求导十分困难。总的来说，鉴于计算数值稳定性和计算效率等方面的原因，选择使用遗传算法来进行车辆的轨迹优化[67]。

结合前面章节介绍的参数分析与获取知识，对 Pc-crash 仿真软件的事故再现轨迹优化方法，可以总结流程如图 4.5 所示。

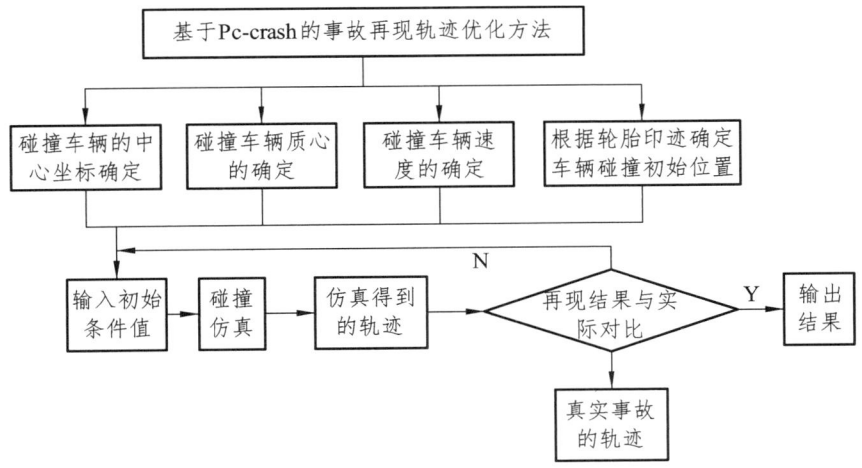

图 4.5 基于 Pc-crash 的事故再现轨迹优化的流程

4.2.3 基于 RADIOSS 的车辆碰撞事故正向再现模型构建

1. 软件内容

RADIOSS 是针对向量计算机进行优化，并使用向量编程的有限元软件。该软件是 HyperWorks 系列软件中的结构求解器，它融合了线性和非线性结构有限元求解技术、多体动力学技术和流固耦合仿真技术，可以帮助提升产品的刚度、强度、耐用性、NVH 特性、碰撞安全性能和可制造性等，可以降低物理实验的成本，提升整体研发的效率和质量。

2. RADIOSS 求解器的优点

RADIOSS 求解器的优点可概括为[68]：

（1）在多种环境下确保仿真结果的一致性，具有可靠性；

（2）突破传统求解器的速度局限，支持多求解和高级质量缩放技术以及 Hybird-MPP，具有快速性；

（3）通过有限元分析标准测试，是国际上领先制造企业一致认可的新一代有限元求解器，具有精确性；

（4）该软件功能齐全，涵盖有限元分析的所有领域，实现与流体仿真耦合和多体动力学仿真，具有全面性；

（5）跟 HyperWorks 前处理器兼容集成，操作简单，优化方便；

（6）材料模型丰富。

RADIOSS Bulk Data 的分析流程[69]图 4.6 所示。

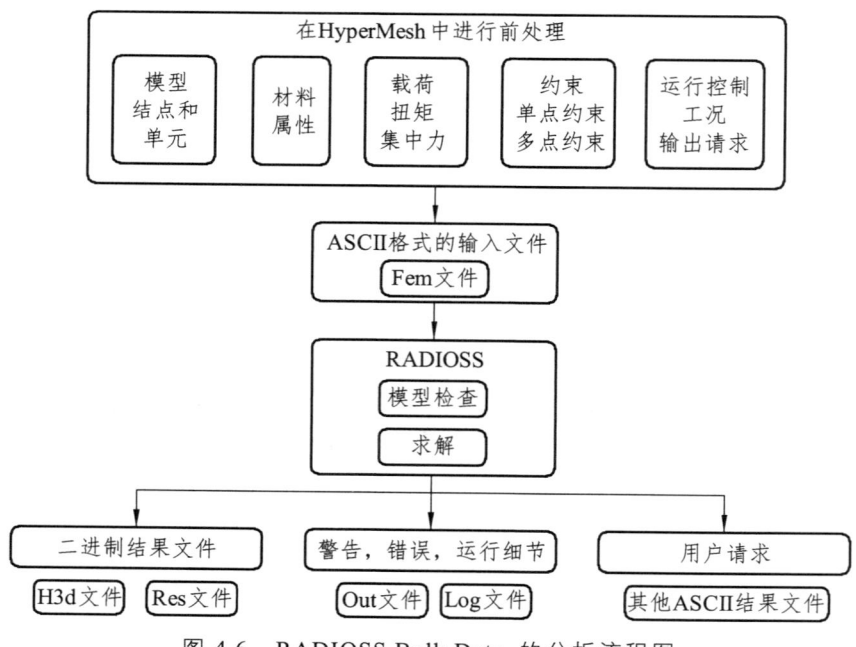

图 4.6　RADIOSS Bulk Data 的分析流程图

3. 车辆模型的建立

在使用 RADIOSS 软件计算前,都要通过 HyperWorks 软件进行前处理,而用 HyperWorks 软件处理前,还要用 SolidWorks 软件先对事故车辆进行三维建模。由于对事故车辆建模时采用的数据涉及商业信息,一般情况下很难拿到,但为了使建模效果更贴近真实情况,对于碰撞车辆的建模,要力求准确,要求结构建模准确,结构简化准确,接触、摩擦参数值要准确,有限元网格要具有好的质量等。因为汽车变形时吸收的能量是能量转化的标志,所以需要准确掌握碰撞车辆的基本参数,如尺寸、质量、载重、碰撞区域的材料等信息,这样才能显示其正确的运行轨迹、速度和加速度。本次建立的小轿车有限元模型,先是在 SolidWorks 中完成两种车型的 CAD 模型,然后导入 Hypermesh 中进行网格划分,设置材料属性,建立连接,设置边界条件,如图 4.7 所示。

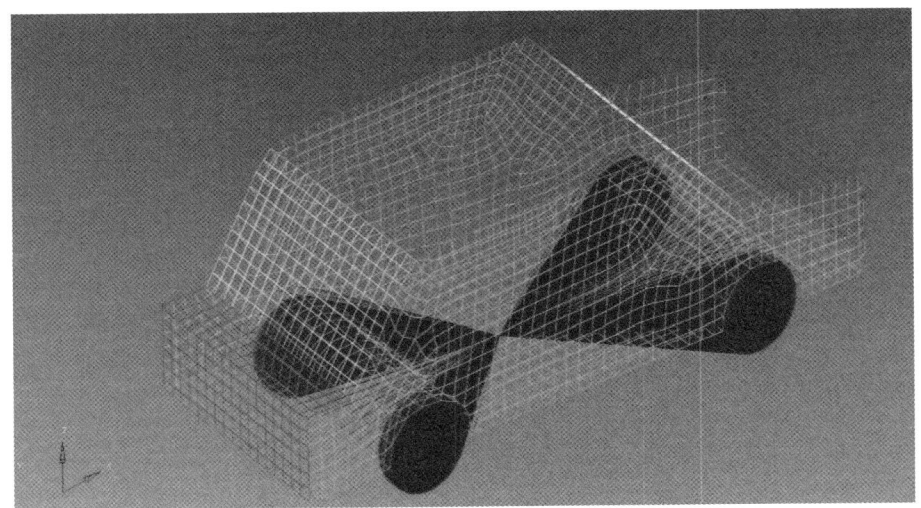

图 4.7 车辆建模图

4. 车辆碰撞事故再现模型的构建

打开 HyperWorks 软件,在弹出的用户资料对话框界面中点击使用 RADIOSS,如图 4.8 所示。

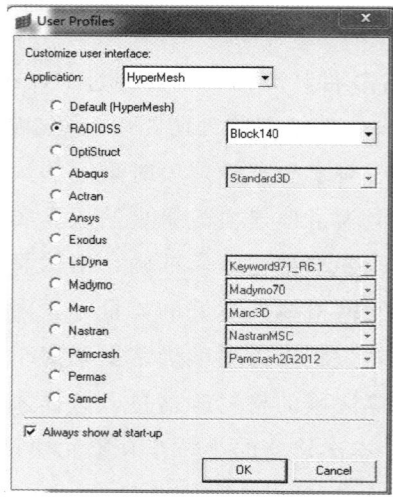

图 4.8 选择 RADIOSS 用户类型

5. 碰撞主要参数设置

根据实车碰撞要求，对仿真模型的碰撞速度、碰撞角速度、碰撞角度和实际碰撞点要予以设置[71]。

（1）碰撞位置和角度。在 HyperWorks 中将两事故车辆模型导入后，设置好接触地面信息，以移动两车方式初步设置好碰撞的位置，接着录入两车的碰撞角度，如图 4.9 和 4.10 所示。

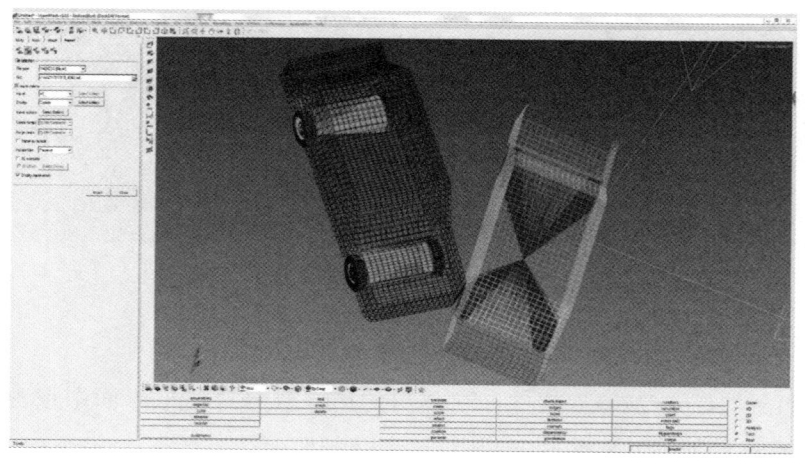

图 4.9 设置碰撞位置

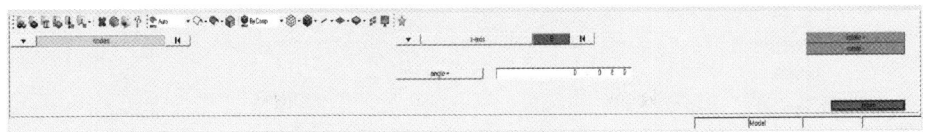

图 4.10　设置碰撞角度

（2）碰撞速度。点击 Tools 按钮，选择 BC smanager 速度设置对话框，这时可以录入已知的碰撞速度，这里设置的是矢量合成速度，要经过计算转换才能准确使用。如 YI 车辆碰撞前速度为 45 km/h，即 12.5 m/s，车辆接触在 X-Y 轴平面内，YI 车轴与 X 轴的夹角为 25°。经计算，在 X 轴和 Y 轴上的矢量速度分别为 11.33 m/s、5.28 m/s。因为 RADIOSS 中选择的单位制是 mm 和 s[72]，所以对应的车速分别为 11 330 mm/s 和 5 280 mm/s，另外，还要考虑方向，具体设置如图 4.11 所示。

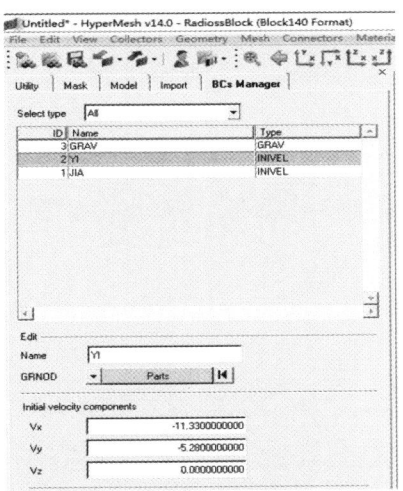

图 4.11　设置碰撞速度

6. RADIOSS 计算

通过前处理模块 HyperMesh 建立车辆碰撞有限元仿真模型，可以将整个模型分为不同的部分，并转化为 RADIOSS 计算时需要的 RAD 文件（见图 4.12）。RADIOSS 计算文件的拆分是为了使模型纠错修改和后期优化方便，可以单独改进模型中的部分设置，在 RADIOSS 中提交运行主文件即可。

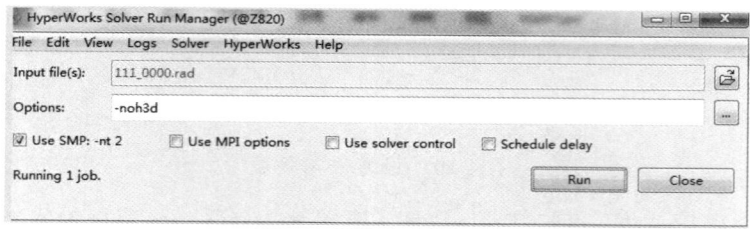

图 4.12　RADIOSS 计算

7. 查看结果及运用

计算完成后，使用后处理软件 HyperView 可以查看动画文件，选择 HyperGraph 可以查看输出曲线（见图 4.13），综合运用后处理软件查看计算结果并进行分析。对事故再现而言，计算结果从另一个视角辅助分析该碰撞过程的发生，进而与已掌握的数据校验，增加数据的准确度。

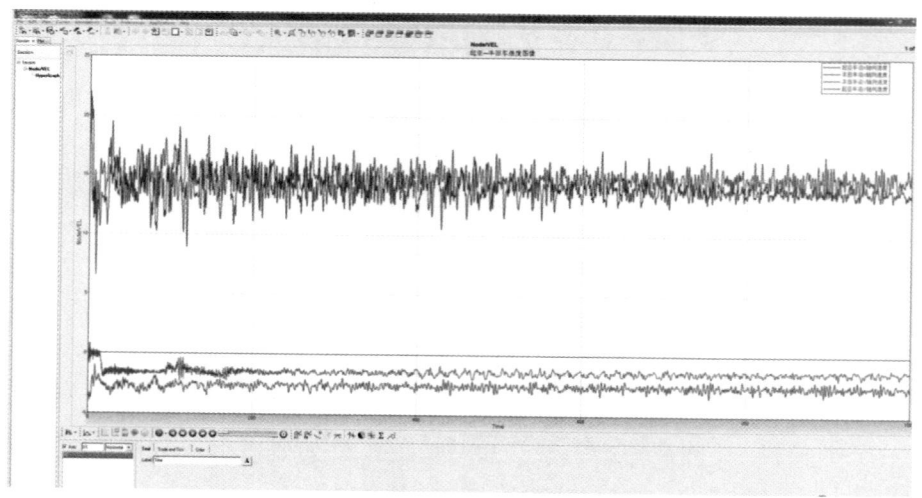

图 4.13　车辆碰撞后速度曲线

4.2.4　基于 Pc-crash 的车辆碰撞事故反向再现模型构建

1. 软件内容

Pc-crash 是目前国内业界用来做交通事故仿真再现辅助分析的软件。它主要依据事故现场勘查获取的参数信息，如碰撞后车辆的停止位置、车辆与车辆间的位置关系、车辆损坏程度、拖印长度、散落物的分布情况、路面状况、以及驾驶员状态，等等，运用相关的力学知识，从反向来推理和验证事故的发生过程。主要仿真研究车辆碰撞后运动的轨迹与现场遗留的轨迹对比，通过这个过程再现碰撞前阶段，再以相关法律法规为依托进行事故责任认定[73]。

2. 软件特点

Pc-crash 软件是奥地利研究人员开发的一款交通事故再现软件。它运用计算机对交通事故进行仿真分析，根据动力学和运动学的原理来建立数学模型，以再现事故过程中事故诸元的相对运动及内在关系。运用 Pc-crash 软件时，要先将事故现场图导入软件，再从车辆数据库中调用与实际情况相符的车辆，并在软件相应窗口输入已采集好的信息，然后通过不断调整碰撞速度及碰撞位置等参数，直到找到符合事故终止的状态。仿真结束后，输出模拟结果及各种参数值，用以事故原因及过程的分析。

Pc-crash 仿真软件的特点[74]：

（1）基于碰撞前瞬间的运动参数来计算碰撞后的运动；

（2）Pc-crash 软件可以同时对多达 32 辆汽车进行模拟，并且所有的输入数据都以图形形式显示出来；

（3）提供了 Optimization 迭代工具，通过最终的停止位置可以优化碰撞参数（碰撞速度和碰撞位置）；

（4）仅当有两个碰撞目标（两辆车，车与柱，车与墙）被设定之后，Impact 选项才处于可操作状态；

（5）程序具备自动修正某些参数的能力，如碰撞点、碰撞速度、冲量矢量角、摩擦圆等参数，而且包含丰富的数据库：车辆数据库/碰撞模型/人体模型；

（6）模拟事故形态不只局限于车-车，同时还能分析车-行人、车-固定物及车内乘员伤害机理及过程，可以限定和计算前后轴的制动力分配。

3. 碰撞车辆模型参数的确立

1）车辆模型选择

在 Pc-crash 8.1 版本中，按照欧美国家实施的车辆标准，自带有

DSD2007等车辆数据库,可以根据车辆碰撞事故的车辆型号直接从自带数据库中调出匹配的车型。车型选择的输入窗口如图4.14和4.15所示。

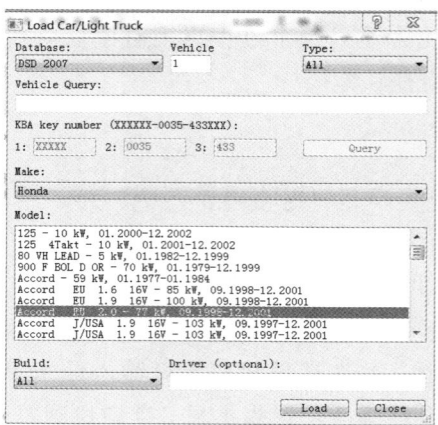

图4.14 车辆模型选择

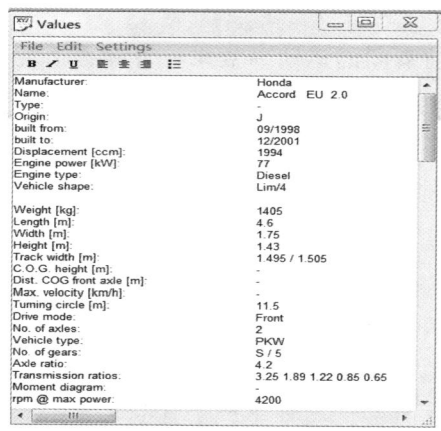

图4.15 车辆自带参数

2)车辆参数的确定

(1)车辆初始位置。

按照前面章节的介绍,在事故发生后可初步根据经验来判断发生碰撞的初始位置,碰撞的初始位置的确定是车辆再现的基础。第一次就掌握精准的初始位置参数可压缩碰撞优化的时间,获得与事故现场较为匹配的仿真结果。参数输入窗口如图 4.16 所示。

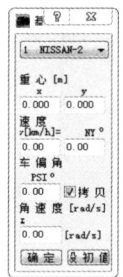 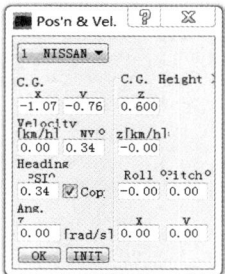

图 4.16　车辆初始位置参数

（2）车辆顺序参数的设置。

按照车辆碰撞发生的前后顺序设置驾驶员的操作习惯，即对摩擦系数、车辆加减速度、反应时间等进行设置。根据碰撞的具体情况，确定在碰撞前驾驶员有无意识到危险状况，有无开始采取制动或加速措施，根据轨迹分析时还要判断驾驶员是否采取了转向措施。操作窗口如图 4.17 所示。

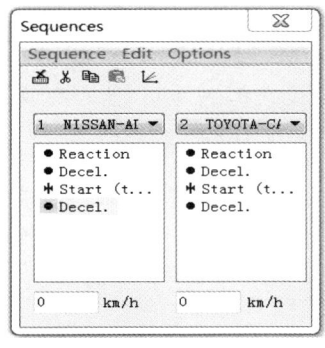 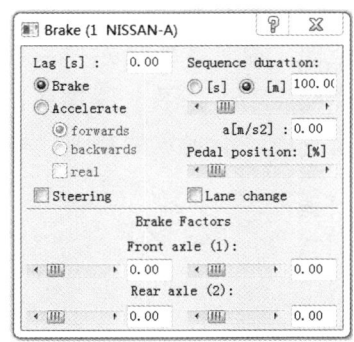

（a）初速度设置　　　　　　　（b）加减速度设置

图 4.17　车辆顺序参数

（3）仿真模型选择。

选择仿真模型之前，必须先完成车辆参数和初始位置的确定。一般的 Pc-crash 用户在仿真过程中若要用到碰撞前的运动轨迹，就要选择应用运动学模型，采用三维动力学模型。具体窗口如图 4.18 所示。

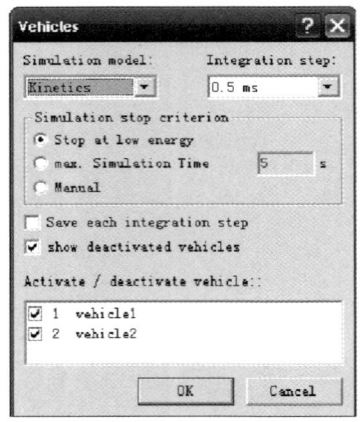

图 4.18　仿真模型

（4）碰撞点摩擦系数、回弹系数的确定。

根据事故现场勘测的数据，分析车辆碰撞痕迹，按照碰撞中心确定理论，车辆碰撞事故中如发生较大的形变，那么碰撞后形变最大点的位置，在两车痕迹重叠处选定一点设为碰撞点，变形量与回弹系数成反比关系，即变形量越大，回弹系数反而越小。系统设定了车身回弹系数的取值范围，而具体确定回弹系数时要根据碰撞造成的变形情况来定。

碰撞点回弹系数、摩擦系数与天气有较大的关系，这是现场勘查之后通过查表才能确定的数据，输入窗口如图 4.19 所示。

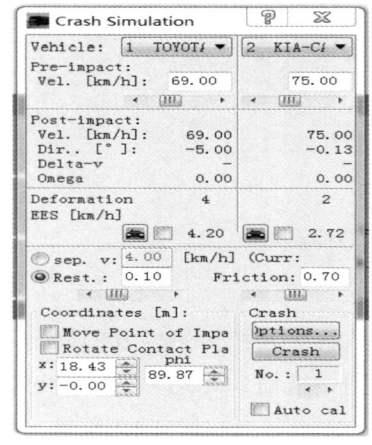 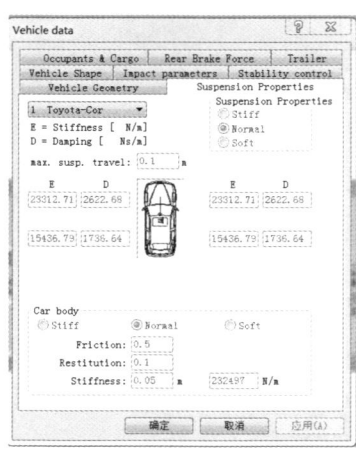

图 4.19　碰撞点回弹系数、摩擦系数

（5）反应时间的确定。

驾驶员在正常情况下的反应时间范围为 0.8~1.0 s，但事故发生后要通过与肇事司机交谈询问，才能确定驾驶人员是否处于正常状态。驾驶员反应时间输入窗口如图 4.20 所示。

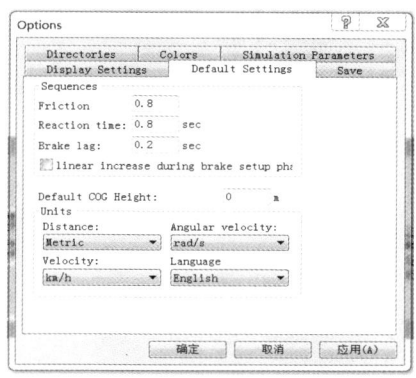

图 4.20　驾驶员反应时间

4. 碰撞车辆轨迹优化

在设置好车辆碰撞初始位置、碰撞速度和角度、碰撞中心坐标、车辆质心等参数后，可以先进行碰撞仿真，如果经过几次仿真误差仍然还很大，就需要进行轨迹优化。在车辆停止界面，拖动车辆到现场勘查的位置，同时优化设置好对冲击速度、冲击点、接触平面等参数，点击优化后可以查询优化报告，具体窗口如图 4.21,4.22 所示。

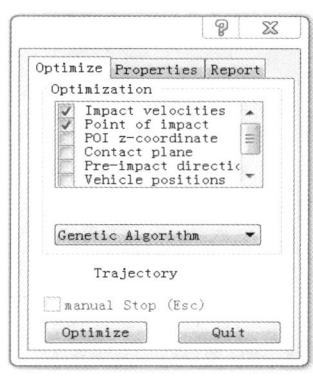

图 4.21　优化参数

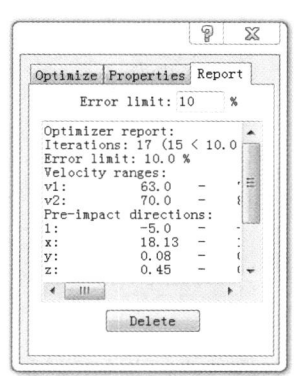

图 4.22　优化报告

4.3 仿真分析及优化

车-车碰撞反向再现仿真分析实际案例 1

一、事故情况介绍

2013 年 08 月 20 日，覃某驾驶桂 K99×××号重型仓栅式货车，由开远市方向驶往弥勒市城方向。11 时 47 分行驶至秀河线 K1249+900 米处时，驶入对向车道，与对向驶来的由刘某驾驶的云 H12×××号大型普通客车正面碰撞，造成云 H12×××号大型普通客车乘车人李××、杨××、叶××、龙××等人受伤，两车不同程度损坏的道路交通事故。

二、事故现场及车辆勘验

1. 道路交通事故现场图（见图 4.23）

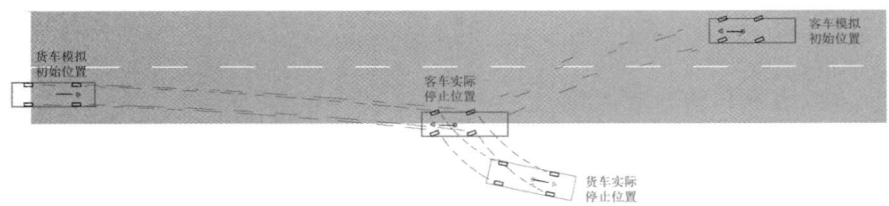

图 4.23　道路交通事故现场图

2. 车辆受损情况检查（见图 4.24，4.25）

（a）云 H12×××事故车辆外观

　　（b）事故致驾驶台移位　　　　　　　（c）事故致方向盘变形

　　（d）拆检后轮制动　　　　　　　　　（e）拆检前轮制动

图 4.24　云 H12×××车辆损坏情况

（a）桂 K99×××事故车辆外观

(b)检查转向

(c)拆检前轮制动

(d)拆检后轮制动

图 4.25　桂 K99×××车辆损坏情况

1）转向系检查

经检查，云 H12×××车转向拉杆连接完好，各球销均不松旷。经转向系功能测试，该车方向盘转动灵活，全程转动无阻滞、发卡现象，转向器完好。

2）制动系检查

经检查，云 H12×××车制动控制管路连接完好，制动总泵及分泵连接完好。外接气源检查各分泵，各分泵推杆均能正常工作。外接气源，在分泵动作时检查，用撬棍不能转动各轮，各轮均能建立有效制动效能。经检查，该车各轮制动鼓完好，表面无裂纹、沟槽；制动摩擦片齐全，表面无油污、裂损等现象。

同理，经上述检查，桂 K99×××车驾驶台移位、方向盘变形、卡死等均系事故碰撞造成；该车转向系部件齐全，制动系部件齐全，功能有效，判定该车发生事故时转向系、制动系功能有效。

三、事故碰撞初始参数估计

1. 车辆初速度获取

根据办案单位提供的现场资料，桂 K99×××车发生事故时各车轮留下的制动印长度分别为：左前轮 1.00 m，左后轮 25.00 m，右前轮 1.10 m，右后轮 18.50 m。云 H12×××车发生事故时各车轮留下的制动印长度分别为：左前轮 1.3 m，左后轮 4.13 m，右前轮 0.9 m，右后轮 3.94 m。事故处为缓坡路段，干燥、沥青路面。根据车辆技术检验鉴定情况，两车各轮制动均有效，取最长制动印来计算该车采取紧急制动时的车速。车辆事故前瞬时速度推荐计算公式为：

$$v = 0.5(\mu+i)gkt + \sqrt{2g(\mu+i)ks} \qquad (4\text{-}28)$$

式中，v 为采取紧急制动时的车速；k 为系数修正值，$k=1$；μ 为车辆事发时纵滑附着系数，取 $\mu=0.65$；s 为最长制动印，$s_1=25.00$ m，$s_2=4.13$ m；t 为制动协调时间，$t=0.20$ s；i 为坡度，$i_1=1\%$，$i_2=-1\%$。

将数据代入上式，得：

$$v_1 = 18.63(\text{m/s}) = 67.07(\text{km/h})$$

$$v_2 = 7.1(\text{m/s}) = 25(\text{km/h})$$

考虑到事故碰撞过程中存在其他动能损失，所以，桂K99×××车采取紧急制动时的车速不低于67 km/h，云H12×××车采取紧急制动时的车速不低于25 km/h。

2. 车辆碰撞中心位置及初始位置的确定

通过对车辆勘测可以获取碰撞车变形量最大的位置，这能够明确车辆碰撞时的重叠区域，也能够明确车辆碰撞中心坐标首选重叠部分的中心点，具体为（42.1，-13.9，0.45）。车辆的初始位置为：桂K99×××货车（42.3，-14.4，0.8），云H12×××客车（48.9，-20.05，0.7）。

3. 平均减速度

由于桂K99×××车行驶到秀河线时驶入对向车道，与对向驶来的客车发生正面碰撞。碰撞两车在事故发生前均采取了制动加避让的措施，碰撞前货车的平均减速度为0.28 m/s^2，转向角为18°；客车的制动减速度为6.5 m/s^2，转向角为7°。碰撞后货车的减速度为3.52 m/s^2，客车的减速度为2.68 m/s^2。

4. 车辆质心位置

综合考虑多种因素，货车的质心高度为0.8 m，客车的质心高度为0.7 m。

5. 恢复系数及摩擦系数

事故地段处于干燥、沥青路面的缓坡路段，且当时为天气晴好的上午，摩擦系数大致确定为0.60。从车辆变形的程度看，两车发生正面碰撞后变形较大，且车辆变形量越大，恢复系数越小。此处，恢复系数取为0.1。

6. 反应时间

经查询，交通事故发生时，驾驶员们的身心都处于健康状态，此处反应时间取为0.6s。

四、再现车-车碰撞发生过程

确定了各种参数后开始仿真，反复调整参数使得轨迹符合现场的基本特征，导出优化结果轨迹图 4.26。

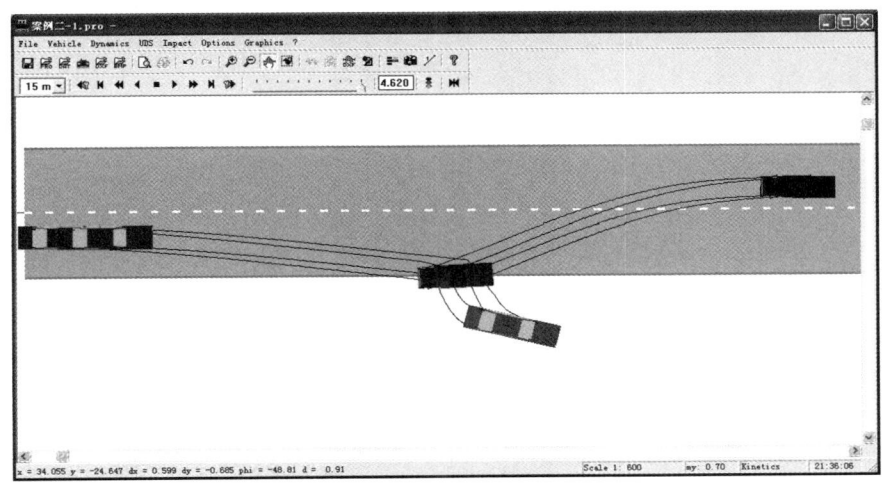

图 4.26　优化轨迹图

从图 4.26 直接观察得到，现场实际车辆的停止位置和优化获得结果有些出入，总的来说还是可以描述事故的大体状况，比较贴合实际情况。轨迹优化结束后，轨迹优化误差率为 2.2%，如图 4.27 所示。事故仿真获取的各个优化参数值如图 4.28 和 4.29 所示。

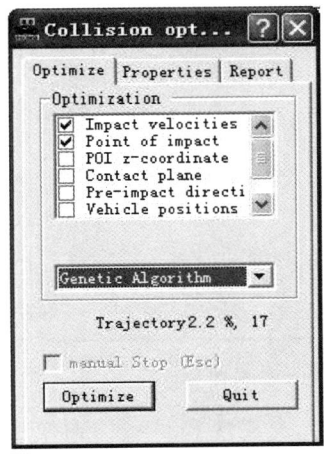

图 4.27　优化轨迹误差

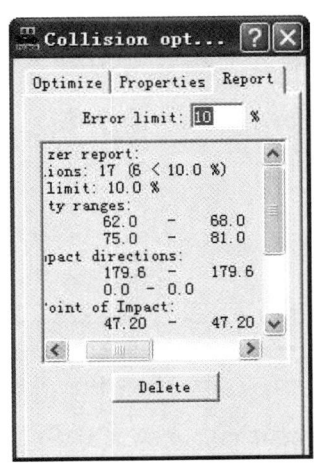

图 4.28　优化结果报告

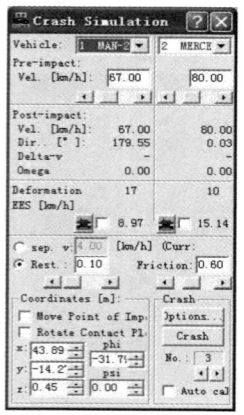

图 4.29　优化后的碰撞参数

根据图 4.27 得知，通过不断调整参数来优化轨迹路线及车辆最终位置，车辆轨迹误差为 2.2%。如图 4.28 所示，优化结果报告给出了仿真前确认需要优化的参数的范围。图 4.29 展示了优化后车辆的初始位置、两车的速度、方向、恢复系数和碰撞中心点位置。

五、结果分析及验证

仿真结束后，为了更好地了解事故发生的原因及过程，从软件中调出车速、位移随时间变化的曲线图并进行分析，如图 4.30 所示。

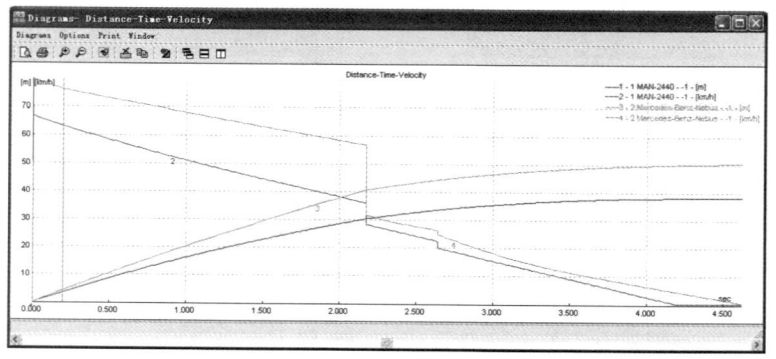

图 4.30　车辆运动位移-时间-速度曲线

图 4.30 中，横轴表示时间，纵轴分别代表速度和位移，图中用不同深度的线表示不同的参数，以区分速度和位移。碰撞前初始速度：货车的速度为 71 km/h，客车的速度为 21 km/h。

当 $t = 2.4$ s 时，两车在碰撞中心位置发生碰撞，货车总位移为 30 m，客车总位移为 41 m，在极短时间内客车的速度变为 28 km/h，客车速度变成 32 km/h。

当 $t = 4.7$ s 时，两车运动停止，这时货车总位移为 38 m，客车总位移为 50.5 m。

事故仿真结束后，针对以下几个方面做精确评定：

（1）事故结束后车辆最终停止的位置；
（2）模拟获得事故车辆的运动轨迹与事故现场勘验的轮胎印迹做对比；
（3）优化后获得速度和仿真前估算值做对比。

关于桂 K99×××号货车和云 H12×××号客车的最终停止位置以及初速度的仿真结果，与事故现场实际测量的结果进行对比，如表 4.1 所示。

表 4.1 事故模拟结果准确度计算

		仿真结果	实际测量结果	准确度
桂 K99×××号的货车	纵向位置（X 轴方向）	9.6 m	9.47 m	98.6%
	横向位置（Y 轴方向）	36.8 m	35.4 m	97.1%
	总位移	38 m	37.2 m	97.8%
	初始速度	71 km/h	67 km/h	94%
云 H12×××号的客车	纵向位置（X 轴方向）	4.8 m	4.65 m	96.8%
	横向位置（Y 轴方向）	50.27 m	51.2 m	98.2%
	总位移	50.5 m	51.4 m	98.3%
	初始速度	21 km/h	25 km/h	84%

而在货车与客车的运动轨迹评价中，将两车仿真的车辆运动轨迹与实际轨迹进行对比，情况基本符合，这也是本事故中事故再现准确度衡量的重要标准之一。

车-车碰撞正反向再现仿真分析实际案例 2

一、事故情况介绍

2015 年 11 月 16 日，天气晴，桂林市某新建但未安置红绿灯的十字路口，路面铺筑材料为沥青。张某驾驶的本田小汽车在左转过程中与对向孙某直行驾驶的丰田小汽车相撞，两车没有搭载乘客，造成张某、孙某两驾驶员受伤、两车不同程度损坏的伤人交通事故。事故车辆碰撞后的受损情况如图 4.31 所示。

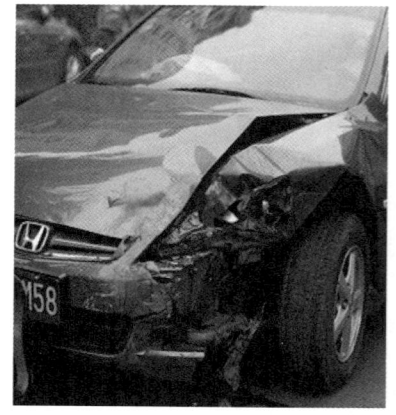
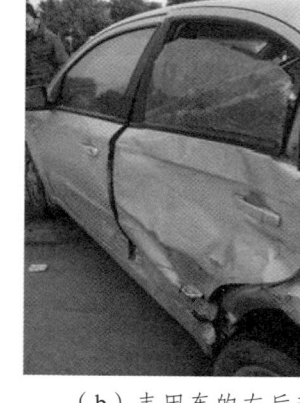

（a）本田车的前部　　　　　（b）丰田车的左后部

图 4.31　碰撞后的事故车辆

二、事故现场分析及车辆受损情况描述

1. 事故现场分析

交警同志到达现场后，根据两车初始位置，以及其他事故现场采集到的信息，用 CAD 绘制事故道路现场图，如图 4.32 所示。

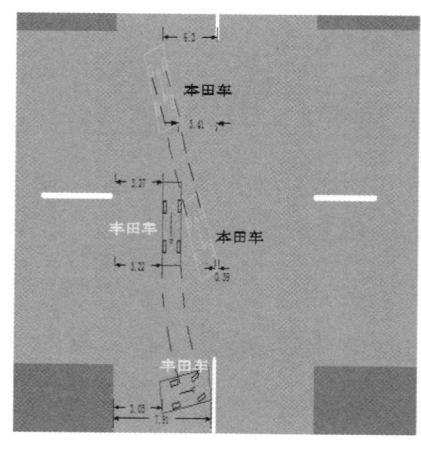
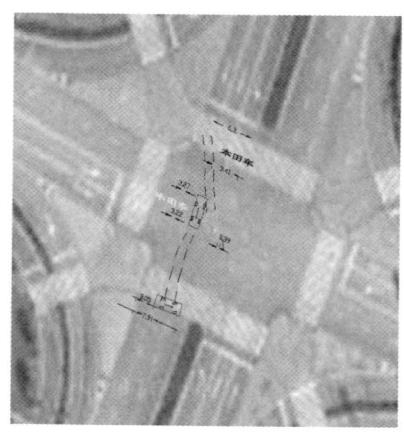

（a）事故 CAD 现场图　　　　　（b）事故航拍现场模拟图

图 4.32　道路交通事故现场图

2. 事故车辆损坏情况

经过本田车方向盘自由转动量测量检查,鉴定结果为合格;本田车转向拉杆连接完好,各球销均不松旷。同时,该车方向盘转动灵活,全程转动无阻滞、无卡顿现象,转向器完好。经上述检测可认定,该车发生事故时转向系功能有效。根据制动油路动态测试：踩下制动踏板压力最大时保持 1 min,制动踏板无下移现象。该车制动管路连接完好,进、出油管管路连接完好。各轮制动分泵完好,无漏油现象。经踩下制动踏板检查,用撬棍不能转动各轮,制动有效,本田车发生事故时制动系功能有效。经上述检验,该车转向系、制动系部件齐全,连接完好,发生事故时功能有效。同理,检测得出,丰田车转向系、制动系功能有效。本田车一般损坏,车辆主要受损区域为左前侧保险杠、发动机盖,车辆前侧材质撞击受损粉碎脱落。而丰田车车辆左后侧被撞击,损坏严重;车辆损坏区域为左后门,升降玻璃出现变形脱落。

3. 驾驶员描述情况

驾驶员是车辆碰撞事故的主体,正常情况下对车辆碰撞事故的过程记忆深刻。在本案例中,由于受都市绿化带阻碍视线影响,两位驾驶员都承认在事发前没注意到对方车辆,发现对方的时候,两车距离太近,已基本碰上,碰撞前两车基本没有制动,碰撞发生得很突然。本田驾驶员说自己向左转向,快撞上对方的时候稍微转向,紧握方向盘。丰田驾驶员陈述说自己避让转向,试图驶离危险源,但转向的角度不大;碰撞后两司机都采取了紧急制动。这些陈述在仿真时作为操作参考。

三、事故碰撞初始参数估计

1. 初始速度获取

根据碰撞现场对制动轨迹的勘查,本田车在发生事故时的制动情况下,留在事故现场各车轮的制动印长度分别为：左前轮 9.1 m,左后轮 6.5 m,右前轮 3.2 m,右后轮 2.7 m。结合前面章节相关内容,可计算车辆碰撞前的初始速度：

$$v_{本田} = \sqrt{2gus} = 43.1 （km/h） \qquad (4-29)$$

按照以上方法推出丰田轿车的初始速度为 46.1 km/h。但两车发生碰撞时实际还有能量转换，所以撞击对方车辆的本田车车速应该高于 43.1 km/h，被撞的丰田轿车的车速应该高于 46.1 km/h。按照能量转换理论初步估算转换的速度为 2.9 km/h，初步得出本田车的车速为 46 km/h，丰田轿车的车速为 49 km/h。

2. 碰撞初始位置

根据交警绘制的事故现场图显示，本田和丰田轿车的四条轮都出现了摩擦留下的痕迹。根据前面章节介绍的车辆碰撞初始位置的确定方法，本田车碰撞初始位置为(88.8, -73.2)，车头方向为 100°，丰田车碰撞初始位置(86.8, -71.2)，车头方向为 -125°。

3. 平均减速度

根据事故调查，碰撞两车在事故发生前均采取了制动加避让的措施。本田车的四个车轮在碰撞过程中都与地面留下了清晰的擦印，且印痕距离很长；而丰田车在事故现场留下的印痕相对较短，所以其减速度要大于本田车的制动减速度。此处，取本田车的平均减速度为 3.5 m/s^2，丰田车的制动减速度为 5 m/s^2。

4. 碰撞中心坐标

两车碰撞后都发生了形变且能清楚的确定变形最大点的位置。按照前面章节介绍的在两车重叠处选定一点作为碰撞中心点，碰撞中心坐标初始设置为(87.8, -70.9, -112)。

5. 车辆质心位置

事故发生时两车上均只有驾驶员 1 人，因质量不大，故对整个质心位置的影响可以忽略。经查询比较同类车辆的质心高度，综合考虑后设定两车质心高度均为 0.6 m，本田车质心到前端距离为 1.38 m，丰田车为 1.275 m。

6. 恢复系数及摩擦系数

通常恢复系数的取值在 0.1~0.3 范围内，变形量越大，回弹系数越小。从图片中可以看出，车辆也是局部碰撞变形，而且变形不是太大，故回弹系数取值为 0.2。事故当天天晴，路面为新建城市干燥柏油路面，摩擦系数取值为 0.8。

7. 反应时间

经询问，两驾驶员的言语、行动都处于正常状态，在这里假设反应时间为 0.8。

四、基于 Pc-crash 平台的反向仿真再现校验

1. 仿真情况

估算得出各重要初始参数值后，按照 Pc-crash 操作仿真流程依次将参数录入各功能板块。尽可能地使车辆运动轨迹与事故现场的轮胎痕迹吻合，反复对事故仿真中的主要参数进行优化，导出优化结果轨迹图 4.33。

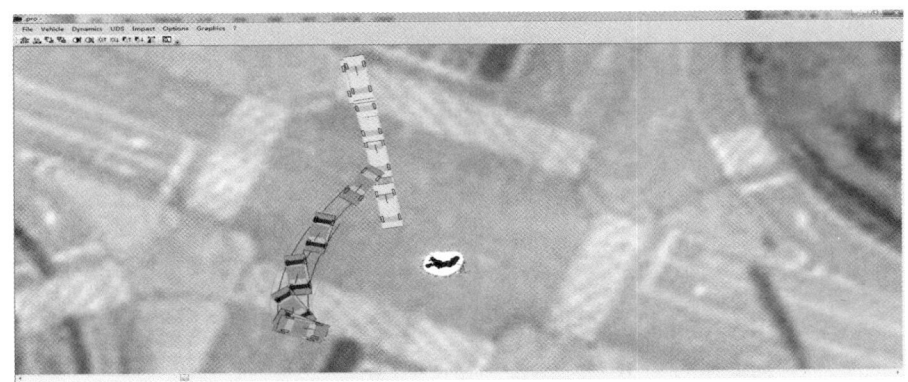

（a）平面优化图

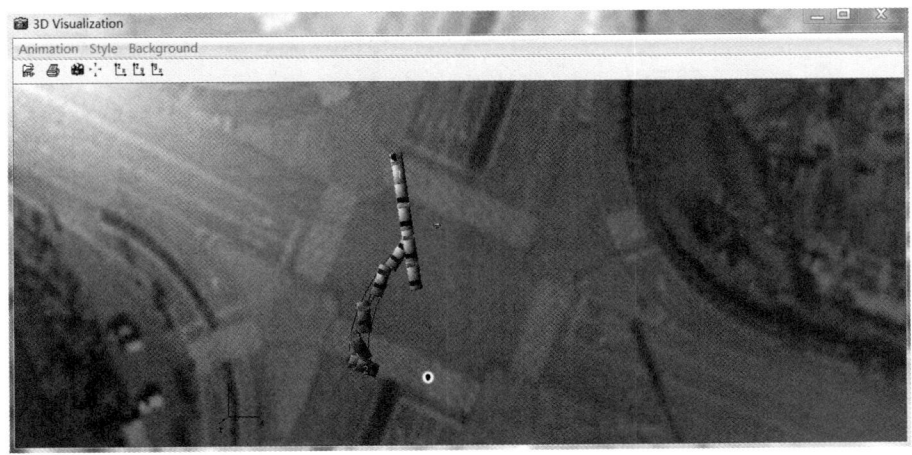

（b）正面 3D 图

（c）侧面 3D 图

图 4.33 轨迹优化图

从平面图可以直接看到，事故轨迹跟 CAD 绘制的事故结果基本一致，同时 3D 动画效果的展现丰富了车辆碰撞的过程细节。查看优化报告，优化误差率为 2.1%，其他结果报告情况如图 4.34~4.37 所示。

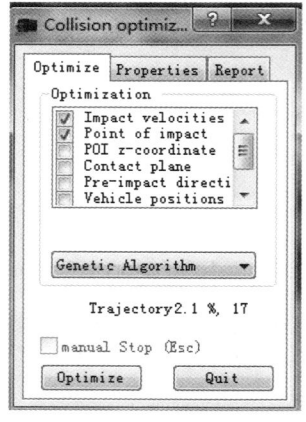 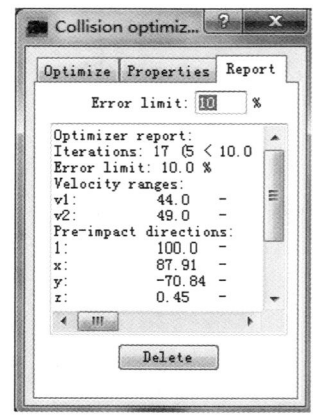

图 4.34 优化轨迹误差　　　　图 4.35 优化结果报告

从图 4.34 得知，调整参数值可以改变仿真结果，只有完善优化参数值，仿真结果才能准确，本次仿真的车辆轨迹误差为 2.1%。如图 4.35 所示，优化结果报告给出了仿真前已勾选好的碰撞优化参数的取值范围不大于 10%就算合格。

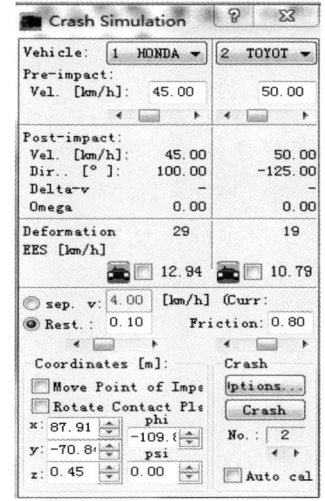

图 4.36　优化后的碰撞参数　　图 4.37　优化的碰撞初始位置

图 4.36、图 4.37 分别展示了优化后车辆的初始位置、两车的速度、方向、恢复系数和碰撞中心点位置。

2. 结果分析及验证

1) 输出结果分析

优化仿真完成后，从 Pc-crash 软件中调取出车速、位移随时间变化的曲线图，以便更加客观地分析事故发生的原因及整个过程。在图 4.38

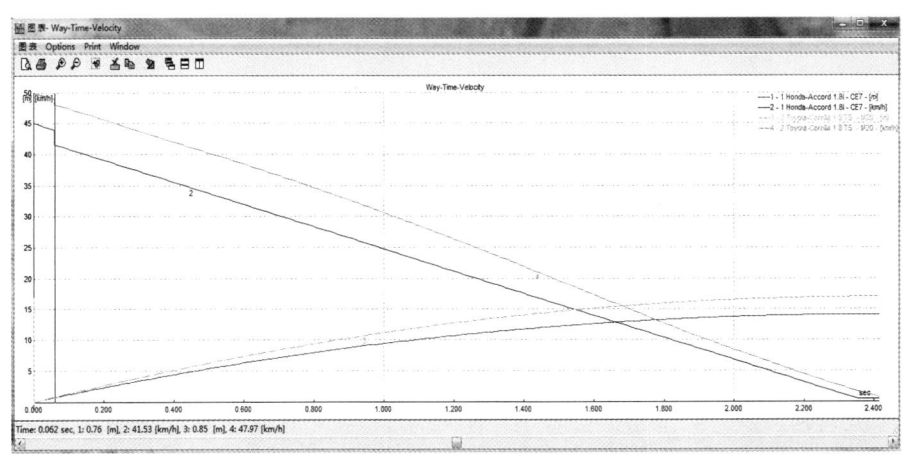

图 4.38　车辆运动位移-时间-速度曲线

中，横轴表示时间，纵轴表示速度和位移，图中用不同深度的线表示不同的参数，以便区分速度和位移。碰撞初始速度：本田车的碰撞速度为 50 km/h，丰田车的碰撞速度为 45 km/h。

当 $t = 0.062$ s 时，两车开始碰撞，两车碰撞接触后本田车的车速变为 47.98 km/h，丰田车的车速变成 41.53 km/h。当 $t = 2.42$ s 时，两车运动停止，这时本田车的总位移达到 14.1 m，丰田车的总位移达到 17.2 m。

2）仿真精确度

仿真结果与实际情况是否吻合，该怎么评定，主要从以下几个方面进行考察（见表4.2）：

（1）发生碰撞车辆的最终停止位置；

（2）将事故仿真车辆碰撞后的运动轨迹和实际轨迹进行对比；

（3）碰撞前的初始速度。

表 4.2　仿真结果精确度分析表

参数	本田车			丰田车		
	仿真结果/m	实测结果/m	精准度/%	仿真结果/m	实测结果/m	精准度/%
车辆最终停止位置（位移）	14.1	13.6+0.76	98.1	17.2	16.8+0.86	97.4
运动轨迹						97.9
碰撞前的初始速度	46	45	97.8	50	49	98

备注：在仿真系统中两车碰撞前，本田车行驶了 0.76 m，丰田车行驶了 0.86 m，在计算位移时应该计算上。

五、基于 RADIOSS 平台的正向仿真校验

上述事故中用 Pc-crash 仿真软件辅助确定的事故参数，如车辆碰撞初始速度、碰撞角度等，在 RADIOSS 仿真软件中作为已知参数录入软件中进行碰撞仿真，并对 Pc-crash 仿真软件得出的已知车辆碰撞事故参数进行分析校验。

1. 模及碰撞参数设置

按照两事故车辆的主要参数，如质量、质心、尺寸等进行简单建模，在 HypeMesh 软件中进行主要碰撞参数的设置。如图 4.39 所示。

图 4.39　车辆碰撞参数的设置

2. 仿真计算

用 HypeMesh 导出计算文件到 RADIOSS 平台进行仿真计算。如图 4.40 所示。

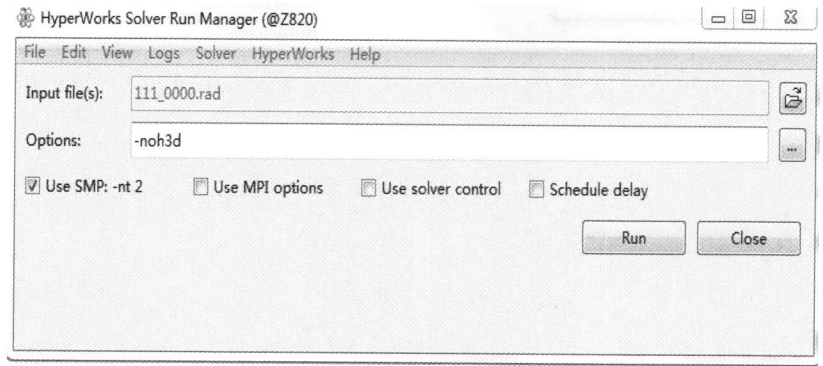

图 4.40　RADIOSS 计算平台界面

3. 仿真结果的查询与校验

打开 RADIOSS 仿真计算结果，查询两车碰撞后的瞬时速度参数，丰田车取编号为 95584 的观测点，本田车取编号为 40109469 的观测点，情况如图 4.41 所示。

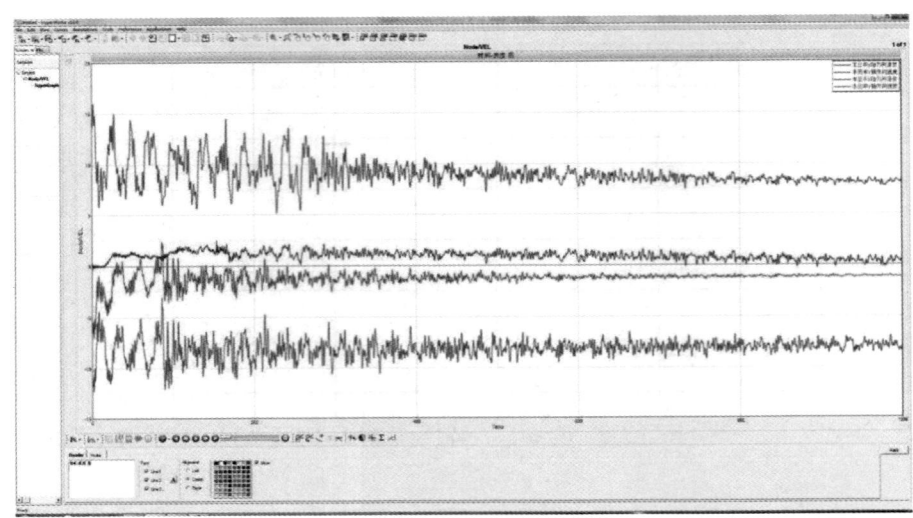

图 4.41 两车碰撞后的速度曲线

碰撞后瞬间，从以上速度曲线图可知，丰田车在 95584 点沿 X 轴方向的速度为 13.1 m/s，沿 Y 轴方向的速度为 0 m/s，车速为 47.1 km/h；本田车在 40109469 点沿 X 轴方向的速度为 -11 m/s，沿 Y 轴方向的速度为 -5.1 m/s，车速为 43.5 km/h。碰撞结果与 Pc-crash 仿真结果：丰田车车速为 47.6 km/h、本田车车速为 42.8 km/h；从精确度来说，有一些出入，但从整体上来讲，事故再现算是成功的。

5 基于车辆碰撞变形能量分析的再现仿真分析方法

5.1 车辆碰撞能量分析基础

汽车变形伴随着能量的损失，汽车的变形能量与汽车的结构、材料等因素有很大关系。汽车的碰撞性能由汽车的刚度系数来表示，碰撞变形能量的计算要通过刚度系数来求取，而汽车的刚度系数需要依靠大量的实车试验来研究。

5.1.1 刚度系数

碰撞刚度系数是衡量汽车耐撞性的重要指标。在事故再现中，刚度系数也得到了应用，即主要通过刚度系数来计算变形车辆的能量损失。刚度系数体现的是汽车的耐撞性和吸能特性，所以不同型号、不同大小的车辆，拥有不同的刚度系数。

为了研究汽车的耐撞性，美国国家高速公路交通安全局（NHTSA）从20世纪80年代开始就做了大量的实车壁障碰撞试验。Campbell通过对NHTSA记录的1000个实车碰撞试验数据进行的对比分析得出一个结论，当碰撞速度低于80 km/h时，碰撞车辆的残余变形与碰撞速度呈线性关系[75]，其关系公式为：

$$v = v_0 + v_1 c \tag{5-1}$$

由式（5-1）可知，要获取某一车型的刚度系数，至少要对此种车型分别进行高、低速两次实车碰撞试验，再对实验数据的二元一次方程求解才能得到。为了构建刚度系数数据库，由于实车试验花费很大，从经济上来讲，很难对市场上现存的各种车型进行实车试验。不过我们也可以建立整车有限元模型进行壁障模拟碰撞试验，以此来获取刚度系数。有限元模型能很好地解决实车试验费用很大的问题，是一种可靠的方法，不过要建立在准确建模基础之上。

刚度系数一般按不同车型、不同碰撞部位来分类，其中，按碰撞部位来分，可分为正面、侧面和尾部刚度系数；按车型来分，可分为轿车、厢式货车、轻型货车、轻型越野车和前轮驱动轿车，并且在车型基础上按轴距分为 9 级。

在国外，由于有大量的实车碰撞试验和有限元模拟仿真试验作基础，已经建立了比较完整的刚度系数数据库。而在我国，由于汽车工业起步晚，自主品牌在近几年才飞速发展，在实车试验和有限元模拟仿真试验方面的研究还不够多，对车辆耐撞性设计和刚度系数的研究还处在初级阶段，无法建立起完整的刚度系数数据库。

5.1.2 刚度系数的获取方法

由上面的分析可知，要计算车辆碰撞变形能量，就必须有碰撞车辆的刚度系数数据。而我们知道，不同型号的车辆，拥有不同的刚度系数，所以一般要通过对相应车型的实车试验来获取刚度系数。通过对试验汽车进行不同速度的壁障碰撞试验，得到 $V-c$ 关系曲线，再求取 v_0，v_1 的值，最后算出刚度系数 f_0, f_1。

推导过程如下：

先根据变形能量计算公式求出汽车变形能：

$$E = \left(f_0 c + \frac{1}{2} f c^2 + K \right) w_0 \quad (5-2)$$

再根据车辆的残余变形与碰撞速度线性关系公式（5-1）：

$$v = v_0 + v_1 c$$

又因为

$$E_m = \frac{1}{2} m v^2 \quad (5-3)$$

可以推出：

$$E_m = \frac{1}{2}m(2v_0v_1c + v_1^2c^2 + v_0^2) \qquad (5\text{-}4)$$

由理论可知，在假设情况下，碰撞车辆的动能完全转化为变形能，即 $E = E_m$，所以可以推出：

$$\begin{cases} f_0 = \dfrac{mv_0v_1}{w_0} \\ f_1 = \dfrac{mv_1^2}{w_0} \end{cases} \quad 或 \quad \begin{cases} v_0 = f_0\sqrt{\dfrac{w_0}{f_1 m}} \\ v_1 = \sqrt{\dfrac{f_1 w_0}{m}} \end{cases} \qquad (5\text{-}5)$$

为了减少实车试验的碰撞次数，可以在固定壁障刚性墙上设置测力仪，以测出碰撞过程中碰撞力随时间变化而变化的曲线 $F(t)$，同时也可以测量出车辆变形量随时间变化的曲线 $c(t)$，再通过最小二乘法可以拟合出 f_0，f_1 的值。通过有限元模拟仿真碰撞，可以直接得到曲线 $F(t)$ 和曲线 $c(t)$。运用这种方法来获取刚度系数更加方便。更加实用的是这种方法只需要通过一次实车试验就可以得到刚度系数，具有较好的经济价值。

在我国，由于汽车工业还处于快速发展的初级阶段，昂贵的实车试验一般只运用于汽车耐撞性研究上，而运用于各种车型的刚度系数的获取还不太可能。而构建有限元模型又过于复杂，整车三维模型对汽车生产公司来说属于商业机密，难以获取。因此，我国在处理交通事故时运用的刚度系数是由美国公路安全管理局通过1000多次实车试验获取的。由于财力限制，不可能对所有车型都进行实车试验，所以，要将车辆的刚度系数按一定标准进行分类，分类结果如表5.1[76]所示。

表 5.1 汽车分类标准

类型	级别	轴距/cm
轿车	1	205.5~240.8
	2	240.8~258.1
	3	258.1~280.4
	4	280.4~298.5
	5	298.5~312.9
	6	312.9~381.0

续表

类　型	级　别	轴距/cm
厢式货车	7	276.9~330.2
轻式货车	8	参照 1~6 级
前轮驱动轿车	9	参照 1~6 级

相对的刚度系数如表 5.2 所示：

表 5.2　汽车刚度系数表

级别	头部		尾部		侧面	
	f_0/N/cm	f_1/N/cm²	f_0/N/cm	f_1/N/cm²	f_0/N/cm	f_1/N/cm²
1	528.9	32.4	641.0	26.2	134.8	25.5
2	453.6	29.6	684.7	28.3	245.2	6.2
3	555.2	38.6	718.0	30.3	303.0	39.3
4	623.5	23.4	625.2	8.96	250.4	34.5
5	569.2	25.5	520.1	48.3	310.0	32.4
6	569.2	25.5	520.1	48.3	310.0	32.4
7	670.7	86.9	525.4	37.9	—	—
8	840.6	4.5	605.9	17.2	—	—
9	653.2	26.2	—	—		

5.1.3　车辆变形能量计算模型

1. 基于变形/撞击力公式的变形能量计算模型

车辆变形是由力的作用引起的。Campbell 经过多次试验发现，单位宽度上所受的碰撞力与汽车变形量呈线性关系[77]（见图 5.1），关系式如式（5-6）所示：

$$F = f_0 + f_1 c \tag{5-6}$$

式中，F 为单位宽度所承受的撞击力（N/m）；c 为残余变形量（m）；f_0，f_1 为车辆刚度系数。

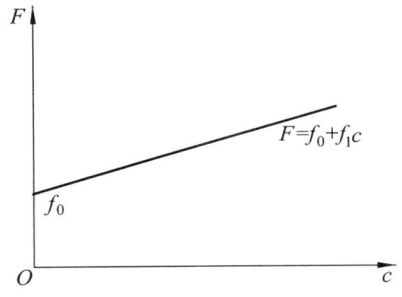

图 5.1 汽车残余变形量与撞击力的关系

假设汽车的变形特性不随汽车的宽度变化而变化，对式（5-6）在碰撞宽度上进行积分[78, 79]，可得到碰撞力公式：

$$F = \int_n^{w_0} (f_0 + f_1 c) \mathrm{d}w \qquad (5\text{-}7)$$

式中，w_0 为汽车的碰撞宽度。

对式（5-6）在碰撞深度上再次积分，得到碰撞能量公式：

$$\begin{aligned} E &= \int_0^c \int_0^{w_0} (f_0 + f_1 c) \mathrm{d}w \mathrm{d}c \\ &= \int_0^{w_0} \left(f_0 c + \frac{1}{2} f_1 c^2 + K \right) \mathrm{d}w \\ &= f_0 \int_0^{w_0} c \mathrm{d}w + \frac{1}{2} f_1 \int_0^{w_0} c^2 \mathrm{d}w + K w_0 \end{aligned} \qquad (5\text{-}8)$$

式中，$\int_0^{w_0} c \mathrm{d}w$ 为俯视图下碰撞区域的面积；$\int_0^{w_0} c^2 \mathrm{d}w$ 为关于原来未变形车的基线的一次矩阵；$K = \dfrac{f_0^2}{2 f_1}$ 为碰撞常数。

一般地，在变形能计算时会将变形简化成变形宽度上的平均变形，所以式（5-7）可以简化为：

$$E = \left(f_0 c + \frac{1}{2} f_1 c^2 + K \right) w_0 \qquad (5\text{-}9)$$

2. 基于变形/能量公式的变形能量计算模型

同样，根据大量实车试验，可以求出变形量与变形能的线性关系，如式（5-10）所示：

$$\sqrt{\frac{2E}{w_0}} = \frac{f_0}{\sqrt{f_1}} + \sqrt{f_1}c \qquad (5\text{-}10)$$

由此式可以看出，$\sqrt{\dfrac{2E}{w_0}}$ 和残余变形量 c 呈线性关系，公式也可以写成：

$$\sqrt{\frac{2E}{w_0}} = d_0 + d_1 c \qquad (5\text{-}11)$$

基于 $\sqrt{\dfrac{2E}{w_0}}$-c 曲线来推算汽车变形能量和推导碰撞过程的方法，在国外是一种非常流行的方法，CARSH3、SMASH 等事故再现软件在推算碰撞过程时就利用了这一公式[80]，如图 5.2 所示。

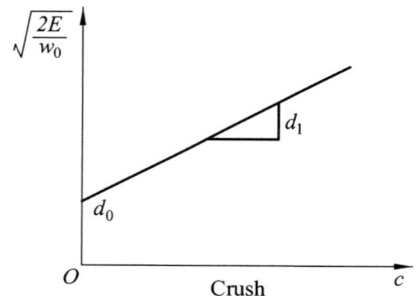

图 5.2 余变形量和变形能量的线性关系

通过对公式（5-11）求积分同样可得到变形能计算公式：

$$E = \int_0^{w_0} \frac{1}{2}(d_0 + d_1 c)^2 \mathrm{d}w \qquad (5\text{-}12)$$

上式也可以写成：

$$E = d_0 d_1 \int_0^{w_0} c\,\mathrm{d}w + d_1^2 \int_0^{w_0} c^2\,\mathrm{d}w + \frac{1}{2} d_0^2 w_0 \qquad (5\text{-}13)$$

式中，$\int_0^{w_0} c\,\mathrm{d}w$ 为俯视图下碰撞区域的面积；$\int_0^{w_0} c^2\,\mathrm{d}w$ 为关于原来未变形车的基线的一次矩阵。

5.2 车辆碰撞变形量的测量方法研究

车辆变形具有在交通事故发生后不易被改变且容易被测量的特征。通过车辆变形来反推车辆碰撞前的速度是事故再现中一种常用的方法，也是国内外研究比较多的领域。

5.2.1 车辆变形测量准则

车辆的变形测量是通过未变形车辆在某点的值减去对应点变形后的值得出来的。由于车辆变形非常复杂，所以，对变形量的测量需要有一定的标准。鉴于此，美国汽车工业协会（SAE）提出了有关汽车变形测量的准则：CDC 准则[81]。CDC 准则是通过 7 个数字来规范描述车辆变形的，如图 5.3 所示。但 CDC 准则有一定的局限性，因为它只能用于测量均匀统一的变形。由于真实的车辆变形是复杂多变的，其变形轮廓也相对复杂，因此，要更准确地描述车辆变形，就必须对测量准则进行改进。

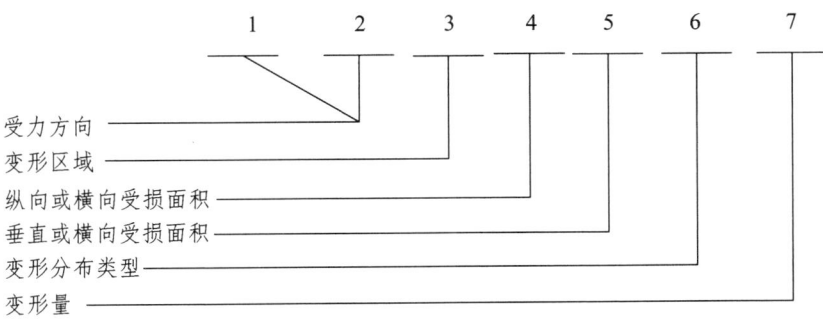

图 5.3 汽车变形的 CDC 测量准则

CRASH 准则是针对 CDC 准则不能准确地描述车辆的复杂变形而提出来的，它通过在变形区域依次选取 6 个点 C_1-C_6 来描述其变形量，这相当于使用 5 个变形区域来近似其变形轮廓[82]。变形宽度取为 W_0，测量每点的变形量相当于测量发生碰撞前车身的变形深度，记为 C_n，如图 5.4 所示。CRASH 准则对变形的描述比 CDC 准则更接近于实际情况。

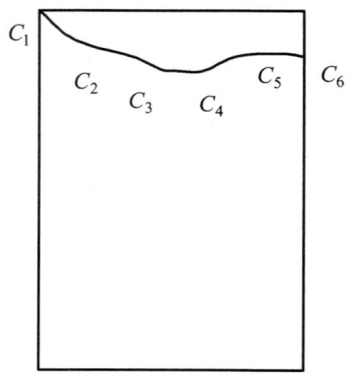

图 5.4　汽车碰撞剖面图

不过在这里我们是假设车辆为矩形对其进行二维分析的,这相对于真实情况来说是不切实际的,因为车头并不是一个平面,汽车的变形会随着测量高度的变化而变化。因此,在测量车辆变形量时对测量点位置的选择就显得非常重要了,一般情况下,我们都是选择车架附近的关键点进行测量。通常,在处理一维碰撞时,我们会从保险杆位置开始测量,而在处理侧面碰撞时,则从车门底框位置开始测量。

5.2.2　变形量的测量方法

在基于车辆变形的事故再现方法中,变形量的准确测量是正确反推碰撞车辆碰撞前速度的基础,所以对碰撞车辆变形量的测量方法的研究非常重要。

1. 手工测量方法

传统的手工测量方法是我国目前最常用的变形量测量方法,主要是利用卷尺、铅垂、直尺等工具对变形轮廓进行粗略的估计性测量。用这种方法测量轮廓的复杂变形时,测量过程会非常烦琐、费时,而且测量精度相对较低,需要有经验的师傅才能确保其测量精度。这种方法虽然有一定的缺陷,但不需要成本,比较容易上手,所以在处理交通事故时还是最常用的测量方法。

2. 三维坐标测量法

当汽车碰到突出的障碍物或者发生翻滚时，其车辆变形轮廓会很复杂，运用 CRASH 准则对其进行二维分析和测量将会大大降低其测量精度，所以最好对车身变形的关键点运用三坐标测量机进行三维坐标实物测量。在汽车工业中，三坐标测量机（Coordinate Measuring Machine，CMM）是一种运用非常广泛的精密测量仪器。它可以测量车身任意点处的三维坐标，一般采用直角坐标形式，具有空间上相互垂直的 X,Y,Z 轴三个方向的运动导轨和相应的三个坐标测量装置，车身变形处的特定测量点相对车身坐标的坐标值。与其他测量工具相比，它具有测量精度高、柔性大等特点[83]。运用三坐标测量机测量车辆变形量的优点在于测量精度高，但相对而言，其成本也高，而且还受工作台大小的影响，一般只应用在工厂车间，不适合应用在事故再现中。然而，随着科技的发展，三坐标测量仪向小型化发展，特别是便携式三坐标测量仪的出现，使得三坐标测量仪渐渐地在事故处理中得到了广泛运用。便携式三坐标测量仪拥有开链式机械臂结构，不同于固定式直角坐标测量机，它利用多自由度关节并使用各种性能的测量头，采用人工操纵方式移动测量头对工件进行测量。便携式三坐标测量仪具有普通三坐标测量机无法比拟的优点，如重量轻、便于携带、操作简单等优点，所以运用便携式三坐标测量仪能比较快速、方便、准确地测量出碰撞车辆的变形量，但相对于手工测量方法，其成本也提高了很多。

3. 摄影测量法

传统的手工测量方法和三坐标测量法在测量车辆变形量时比较烦琐、费时，不利于事故车辆快速撤离事故现场，容易造成交通堵塞。随着数码相机和数字图像处理技术的发展，摄影图像逐渐成为处理交通事故的重要手段。运用摄影测量法能快速获取事故现场所需要的事故信息，使碰撞车辆快速撤离现场，使交通快速恢复通畅。另外，它还有一个好处，就是事故处理者没必要一定要到事故现场，可直接根据现场图像来研究分析。

摄影测量法的基本原理是：先用相机对实物进行拍摄，再对二维实物图片进行摄影测量和三维重建[84]。汽车变形摄影测量方法的步骤是：首先，对事故变形车辆和其同型号完好的车辆拍摄照片；其次，对照片中的车辆外轮廓进行三维重建，建立三维数值模型；最后，由模拟的未变形数据减去变形后的数据即可求出特征点的变形量。

5.2.3 基于 Image Modeler 的变形量测量研究

Image Modeler 是一个以二维照片、影片为基础构建 3D 模型的三维建模软件，它通过对二维照片的关键点进行标定，从而达到还原三维形状的效果。在这一节主要对图片建模的基本原理进行详细研究，并运用 Image Modeler 对事故车辆的二维照片进行三维建模，通过建模测量碰撞车辆的变形量。

1. 图片建模的基本原理

1）相机标定

相机标定是指通过二维照片反求相机的内外参数（如焦距、光标坐标、摄影方向等），相机标定的结果主要由相机的焦距决定，在进行三维建模时一定要先确定相机的焦距和分辨率。对相机标定时要建立三个坐标系：世界空间坐标系、像平面坐标系、相机空间坐标系，具体如下[85]：

（1）世界空间坐标系 $O_W\text{-}X_W Y_W Z_W$。这是自己设置的一个参考坐标系，通常以地面有明显特征的某点为原点，用来描述被测物体的空间特征。例如，某空间点 P 的坐标 $X_W(x_W, y_W, z_W)$，如图 5.5 所示。

（2）像平面坐标系 $O\text{-}XY$。该坐标系位于照片上，以主点为坐标原点，设主纵轴线为 Y 轴，主横轴线为 X 轴，用来表示 P 点的位置 (x, y)。

（3）相机空间坐标系 $O\text{-}XYZ$。以摄影点 O 为坐标原点，相机的主光轴为坐标系的 Z 轴，其 X, Y 轴分别与像平面坐标系的 X, Y 轴平行，用于描述像点 m 在相机空间中的位置 (X, Y, Z)。

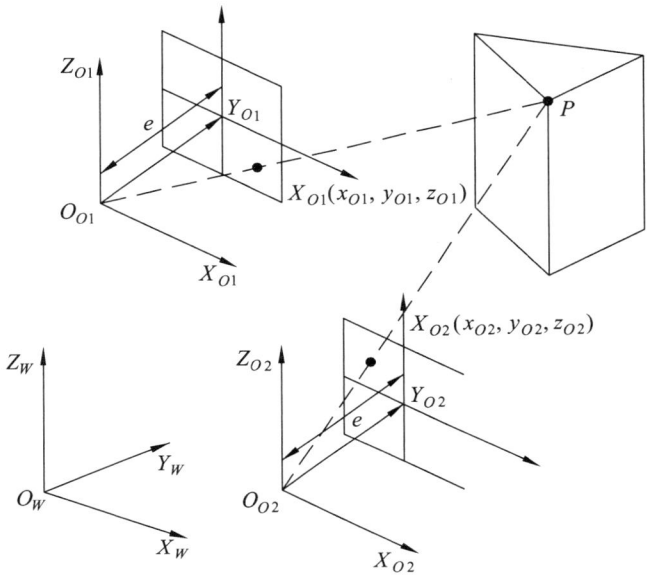

图 5.5 空间坐标示意图

根据上面分析可得两相机坐标与世界坐标的转换关系[86]为：

$$\begin{cases} x_{O1} = r_1 + t_1 \\ x_{O2} = r_2 + t_2 \end{cases} \tag{5-14}$$

将式中的 x_W 消去，得到：

$$x_{O1} = r_1 r_2^{-1} x_{O2} + t_1 - r_1 r_2^{-1} t_2 = r x_{O2} + t \tag{5-15}$$

式中，$r = r_1 r_2^{-1}$，$t = t_1 - r_1 r_2^{-1} t_2$。式（5-15）表示了 O_1，O_2 两坐标系的转换关系。当设定其中一个坐标系为标准坐标系后，另一个坐标系就可以通过公式（5-15）转换而得到。

2）二维图像标定

对相机进行标定后，还需要对关键点的坐标进行标定。由式（5-15）得知，要求出关键点的坐标需要求出 $r = r_1 r_2^{-1}$，$t = t_1 - r_1 r_2^{-1} t_2$。将式（5-15）列为齐次坐标系：

$$X = MX' \tag{5-16}$$

式中，

$$\begin{cases} X = \begin{bmatrix} x_{O1} \\ y_{O1} \\ z_{O1} \\ 1 \end{bmatrix}, \ X' = \begin{bmatrix} x_{O2} \\ y_{O2} \\ z_{O2} \\ 1 \end{bmatrix} = \begin{bmatrix} x'_{O1} \\ y'_{O1} \\ z'_{O1} \\ 1 \end{bmatrix} \\ M = \begin{bmatrix} r_{11} & r_{12} & r_{13} & t_1 \\ r_{21} & r_{22} & r_{23} & t_2 \\ r_{31} & r_{32} & r_{33} & t_3 \\ 0 & 0 & 0 & 1 \end{bmatrix} \end{cases} \quad (5\text{-}17)$$

将式（5-16）展开可得线性方程组：

$$\begin{cases} x_{O1} = r_{11}x'_{O1} + r_{12}y'_{O1} + r_{13}z'_{O1} + t_1 \\ y_{O1} = r_{21}x'_{O1} + r_{22}y'_{O1} + r_{23}z'_{O1} + t_2 \\ z_{O1} = r_{31}x'_{O1} + r_{32}y'_{O1} + r_{33}z'_{O1} + t_3 \end{cases} \quad (5\text{-}18)$$

要得到另一幅图像中的 N 对对应点，可用线性方程组（5-19）表示：

$$\begin{cases} x_{O1} = r_{11}x'_{O1} + r_{12}y'_{O1} + r_{13}z'_{O1} + t_1 \\ y_{O1} = r_{21}x'_{O1} + r_{22}y'_{O1} + r_{23}z'_{O1} + t_2 \\ z_{O1} = r_{31}x'_{O1} + r_{32}y'_{O1} + r_{33}z'_{O1} + t_3 \\ \cdots \\ x_{On} = r_{11}x'_{On} + r_{12}y'_{On} + r_{13}z'_{On} + t_1 \\ y_{On} = r_{21}x'_{On} + r_{22}y'_{On} + r_{23}z'_{On} + t_2 \\ z_{On} = r_{31}x'_{On} + r_{32}y'_{On} + r_{33}z'_{On} + t_3 \end{cases} \quad (5\text{-}19)$$

对应的关键点用矩阵关系式表示为式（5-20）：

$$Kr = X \quad (5\text{-}20)$$

式中，

$$\boldsymbol{K} = \begin{bmatrix} x_{O1} & y_{O1} & z_{O1} & 1 & 0 & 0 & 0 & 0 & 0 & 0 & 0 & 0 \\ 0 & 0 & 0 & 0 & x'_{O1} & y'_{O1} & z'_{O1} & 1 & 0 & 0 & 0 & 0 \\ 0 & 0 & 0 & 0 & 0 & 0 & 0 & 0 & x'_{O1} & y'_{O1} & z'_{O1} & 1 \\ \vdots & \vdots & \vdots & \vdots & \vdots & \vdots & \vdots & \vdots & \vdots & \vdots & \vdots & \vdots \\ x'_{On} & y'_{On} & z^1_{On} & 1 & 0 & 0 & 0 & 0 & 0 & 0 & 0 & 0 \\ 0 & 0 & 0 & 0 & x'_{On} & y'_{On} & z'_{On} & 1 & 0 & 0 & 0 & 0 \\ 0 & 0 & 0 & 0 & 0 & 0 & 0 & 0 & x'_{On} & y'_{On} & z'_{On} & 1 \end{bmatrix} \quad （5\text{-}21）$$

$\boldsymbol{K}$ 为 $3N \times 12$ 矩阵，$\boldsymbol{r}^T = [r_{11}\ r_{12}\ r_{13}\ t_1\ r_{21}\ r_{22}\ r_{23}\ t_2\ r_{31}\ r_{32}\ r_{33}\ t_3]$ 为未知的 12 维向量，$\boldsymbol{X}^T = [x_{O1}\ y_{O1}\ z_{O1}\ \cdots\ x_{On}\ y_{On}\ z_{On}]$ 为 $3N$ 维向量，$\boldsymbol{K}, \boldsymbol{X}$ 为已知向量。当 $3N \geq 12$ 时，可用最小二乘法求出上述线性方程的解为：

$$\boldsymbol{r} = (\boldsymbol{K}^T \boldsymbol{K})^{-1} \boldsymbol{K}^T \boldsymbol{X} \quad （5\text{-}22）$$

将式（5-20）分解为以下三个方程组来求解：

$$\boldsymbol{K}_i \boldsymbol{r}_i = \boldsymbol{X}_i, \quad i = 1, 2, 3 \quad （5\text{-}23）$$

式（5-23）中，$\boldsymbol{K}_i = \begin{bmatrix} x'_{O1} & y'_{O1} & z'_{O1} & 1 \\ x'_{O2} & y'_{O2} & z'_{O2} & 1 \\ \vdots & \vdots & \vdots & \vdots \\ x'_{On} & y'_{On} & z^1_{On} & 1 \end{bmatrix}$ 为 $N \times 4$ 维向量；$\boldsymbol{r}_i = [r_{i1}\ r_{i2}\ r_{i3}\ t]$ 为未知向量；$\boldsymbol{X}_1^T = [x_{O1}\ x_{O2}\ \cdots\ x_{On}]$，$\boldsymbol{X}_2^T = [y_{O1}\ y_{O2}\ \cdots\ y_{On}]$，$\boldsymbol{X}_3^T = [z_{O1}\ z_{O2}\ \cdots\ z_{On}]$ 为 N 维向量。用最小二乘法求出上述方程组的解为：

$$\boldsymbol{r}_i = (\boldsymbol{K}_i^T \boldsymbol{K}_i)^{-1} \boldsymbol{K}_i^T \boldsymbol{X}_i \quad （5\text{-}24）$$

由上述公式可知，要对照片进行完整的标定，至少需要取七个以上关键点。而在利用 Image Modeler 进行关键点选取并进行相机标定的过程中，在选择八个关键点之后，系统会自动地对相机进行标定；若未出现标定结果，则说明关键点在选取上有一定的误差，需要改进选择的关键点的位置及精确度。

2. 碰撞区域的三维重建

在利用 Image Modeler 对碰撞变形区域进行描述时，只需要现场勘查时拍摄的不同角度的三张照片就能够对变形区域进行精确的描述，包括变形的宽度、变形的深度以及变形的区域体积等。而且在描述过程中实现了全程的数字化，并可以根据判定的需要有目的地标定需要宽度的尺寸。Image Modeler 操作简单，其人性化的界面让变形标定变得简单易操作，并且能够保证推算速度需要尺寸的精确度，即为更快、更好地描述碰撞区域提供了简单易行的方法[87]。下面通过实例来讲述碰撞车辆的二维图像三维重建方法在变形量测量上的运用。

1）二维相片采集

二维图像的采集是关系到整个工程成败的关键一步，标准的平面图像能够让下阶段校验照相机变得简单并能够提高计算精度。校验照相机包括确定照相机的全部参数（焦点、焦距等），主要要求有如下内容：

（1）能够确定关键点参数，并且所有关键点的特征都在视野的至少要有两张照片；

（2）拍摄到的包含未知参数在内的所有关键点的特征都在视野的至少有三张照片；

（3）能够让关键点的特征展现在不同角度的照片中；

（4）在每张照片内尽可能多地包含关键特征的形态；

（5）在照片主题中尽量保持远景拍摄，尽量避免拍摄只显示一个平面的部分。

如果我们建立的模型没有明显的关键特征，则可以利用其他具有关键特征的辅助物进行检验（如建筑物、标准的立面体等）。本节利用的是从不同拍摄角度拍摄的能够清晰、完整地描述整个碰撞变形区域的三张照片，如图 5.6 所示。

图 5.6　碰撞变形区域建模需要的三张照片

2）Image Modeler 工作界面

下面利用 Autodesk-Image Modeler 软件对拍摄到的三张碰撞区域照片进行建模处理。当打开 Image Modeler 时，能够看见整个界面内包含下列工作栏（见图 5.7）。

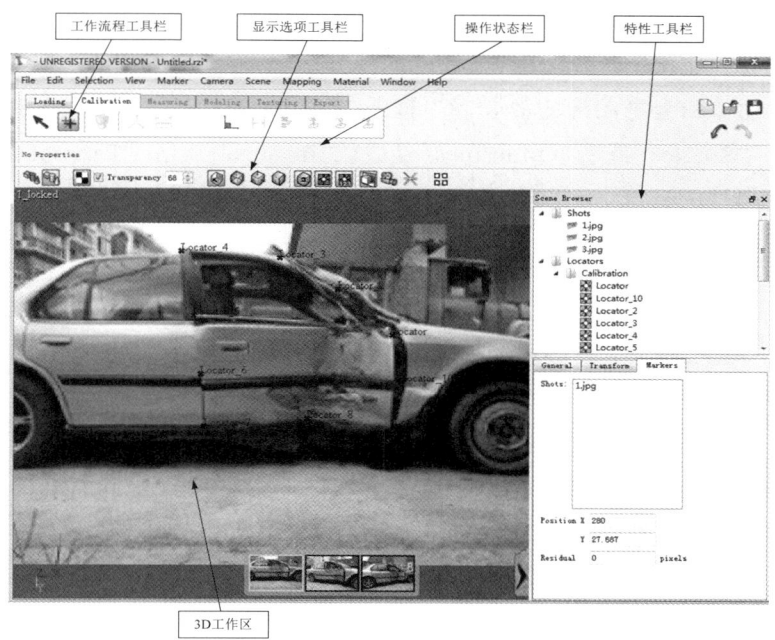

图 5.7　Autodesk-Image Modeler 2009 的工作界面

（1）工作流程工具栏包含利用 Image Modeler 建模的六阶段工作流程工具，从关键点的选取、标定相机三维坐标、提取碰撞区域的关键点特征、三维模型的建立到外表材质的提取等都利用工作流程工具栏中的工具进行操作。

（2）显示选项工具栏包含图像和在建模过程中的显示选择，有 3D 工作区的显示选项、相机的显示角度、照片的显示选项等，可以根据我们的需要选择要观察的关键特征。

（3）操作状态栏是选择并且输入属性的窗口，比如照相机的参数、定位器、测量物体、绘图栏和材料的选择及输入等。

（4）特性工具栏包含当前活跃工具的相关信息，可以根据需要对某些参数和操作进行删改、编辑等操作。

（5）3D 工作区是进行主要操作的区域，包括管理图像、选取关键点、校验照相机、建模物体并且选出质地等。

在开始一项新的工程之前，必须选择工程的类型进行图像载入。Image Modeler 可以选择的类型有：单个图像（Single），是指正常的一幅图像或者一幅充分展现 360°全景的图像；多幅图像（Multiples），是指一组正常图像和全景图像的混合。当打开 Image Modeler 时（见图 5.8），必须选择"Single"或者"Multiples"以及"Images"或者"Panoramas"进行工程类型的选择。

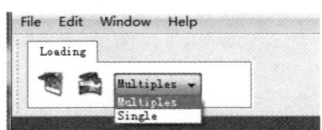

图 5.8 工程类型

在对碰撞区域进行建模时需要的是根据拍摄要求拍摄的一组三张照片。因此，选择"Multiples"并点击载入图像的存储位置或者选择文件>载入图像（快捷键：Ctrl+L（Windows）），并且能够预览照片的特征，如图 5.9 所示，从而能够保证从不同角度选择合适的照片载入到工作区。

图 5.9 载入照片

载入图像过程中的工作要点及注意事项有以下几点：

（1）载入每张照片时需要选择照相机的参数，本节选取的三张照片是相同参数的同一架照相机拍摄的，它们有相同的参数，但具有不同的拍摄角度。

（2）点击载入图像工具添加磁盘中的图像。打开文件对话框，找到需要载入图像的目录，选择需要载入的图像。

（3）选择图像并载入的过程中需要输入图像的附加信息，例如焦距等。如果对照片的相关信息包括拍摄的角度及焦距等都是未知的，则选择默认设置，Image Modeler 会自动处理。

（4）点击 OK，Image Modeler 自动载入图像并在对话框中显示。

（5）载入之后会出现对话框，Image Modeler 询问是否要载入其他图像。对一些工程来说，需要增加其他图像，例如，用另一架照相机拍摄的更多的图像。在本节的例子中，已经载入了需要的三张照片，所以选择 NO。载入照片之后，照片会在 3D 工作区内展示出来，可以根据需要改变工作区的布局方式。如果需要改变工作区域的照片布局，可以利用 Window>Layout 选择需要的布局，也可以通过显示选项工具栏选择需要的布局方式。其中，"single view"表示整个工作界面只布局一张照片；"two side by side views"表示纵向显示两张图片；"two staded views"表示横向显示两张图片；"four views"表示工作区域显示三张照片及关键点所在的世界空间显示。在关键点的选取及建模过程中，可以根据需要随时改变 3D 工作区的布局方式，以使操作更简单、直观，关键点的选取更准确，这样可以随时把握整个工程的各个环节。

载入后的图像在 3D 工作区的"four views"布局界面，如图 5.10 所示。

图 5.10 "four views"布局

3）关键点采集

载入图像之后，系统进行的第一步操作是根据操作选择的关键点对整个世界坐标及相机参数进行标定，所以，下一步的操作是进行关键点的选取，以给系统提供需要的各项参数。通过选择空间中相同点在不同的 2D 图像中的位置，可以为 Image Modeler 提供计算整个空间信息所需要的 3D 位置、定向、焦距和照相机的信息等，以便捕获照片。

照片拍摄所用的相机为佳能 G12，相机的具体参数如图 5.11 所示。

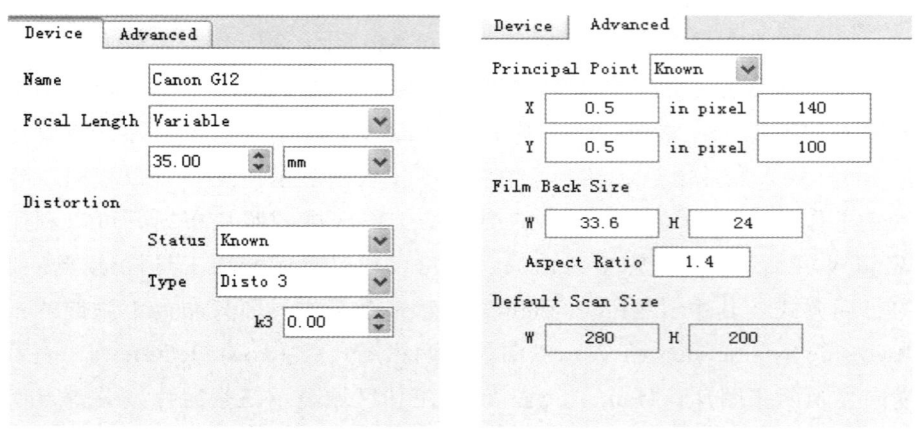

图 5.11 相机参数

输入相机参数之后，进行关键点的选择，以便为确定世界坐标系统提供参考参数。在标定相机坐标及世界坐标系的关键点选取时，可以根据需要选择有关键特征的关键点，比如参照物、规则立体等关键特征，这样可有利于标定的准确性，以便成功创建世界坐标，为碰撞变形的描述提供一个确定、准确的世界环境；而在描述碰撞变形的关键点选取时，需要参照 5.2 节中关于变形区域的勘查中讲述的碰撞痕迹检测方法进行，从而使关键点的选取更能准确地描述真实的碰撞变形，这对提高碰撞速度的推算精度能起到至关重要的作用。在 Image Modeler 软件中关键点的选取步骤如下所示：

（1）载入图像之后选择"Place Marker"，此时该工具已被激活，如图 5.12 所示。

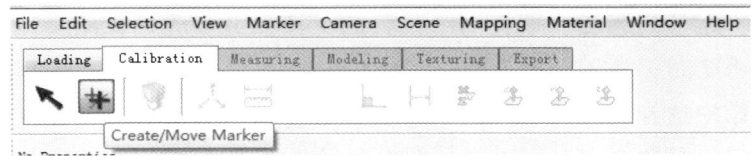

图 5.12 "calibration" 工具条

（2）在 3D 工作区的某一处图像上方移动指针时，能够看到用来创建一个新关键点的绿色圆形指针（表明此关键点是新创建的）。

（3）为确定第一个关键点，在第一幅图的车门左上角处点击。此时将出现一 4X 放大器以帮助更精确地选择关键点所处的位置（见图 5.13）。

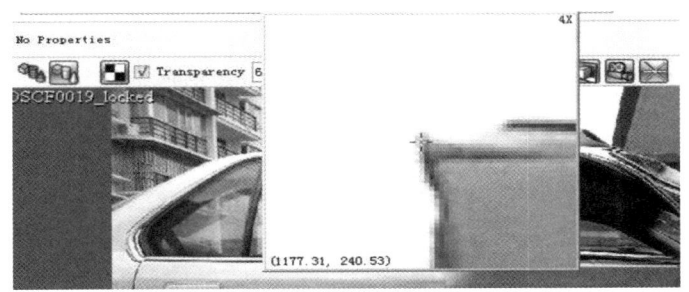

图 5.13 关键点的选取

（4）在有明显特征的车门左上方处（见图 5.13）松开鼠标左键，此时第一个关键点被放置，且 Locators 在特征工具栏内被建立并且可以选择及编辑。

（5）在第二幅图像中点击车门的左上角，此时放大器旁边出现了一个辅助窗口（见图 5.14）。这个窗口是前面一步选择的车门关键点所在位置的展示，它能够帮助更精确地选择关键点所在的位置。

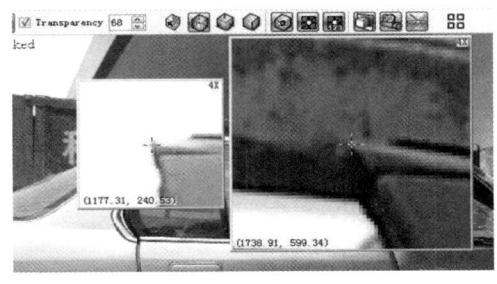

图 5.14 参照关键点

（6）在第三幅图中选择同一位置的关键点。当光标显示为白色的时候，表明此时正放置一个现有的 Locators 的同一个关键点。也就是说，三幅图像中选择的车门左上角的关键点属于同一 Locators，在特征工具栏内具有相同的名字。可以根据需要对此 Locators 的名称进行修改，若选择默认，则系统在选择下一关键点时会自动默认此关键点的名称。

通过分析基于二维图片的三维重建原理，要成功地对三维空间进行标定，至少需要七个关键点，下面介绍随后需要创造的关键点：

（1）创建一个新 Locators 的关键点，再次点击工作流程工具栏，或者按 Ctrl 键（Windows），此时光标变成了绿色（表明此关键点为新建）。

（2）在下面图像中的突出位置建立七个新 Locators，以保证它们在全部三张图中全部可见，共21个附加标志。要基本上能使每一个位置关键点在两张以上图中可以显示出位置，这样 Image Modeler 就可以做运算了。当然，能够显示出关键点的图形愈多，计算起来也就愈准确。

（3）在加入关键点的时候，请注意不要只在同一个平面上添加（如 X 平面，Y 平面，Z 平面），因为 Image Modeler 必须依靠所加入的关键点来判断整个世界空间。因此，关键点最好能够涵盖三个平面；Image Modeler 只对七个以上的关键点才会进行判定，所以关键点必须在七个以上。

（4）在安置好 Locator_8 在第二幅图像中的关键点之后，Image Modeler 会出现对话框"calibration successful"，表明标定已经成功，点击 OK。如果没有出现此窗口，表明关键点的选取还存在一定的误差，需要增加关键点的个数及修改关键点所在的位置。

如果特征工具栏中的 Locators 都是绿色，表明校准得很准确；如果特征工具栏中的 Locators 显示为黄色，则表明此关键点在某一幅图像中有一定的误差；如果特征工具栏中的 Locators 显示为红色，则表明此关键点是不佳的，如图 5.15 所示。遇到关键点为黄色的时候，不一定需要调整，但是为红色时就一定要调整，这将直接影响到后面 3D 建模的准确性及成功与否。

如果某些关键点的 Locators 显示为红色，且需要调整时，可以通过如下操作来调整一个关键点的位置：

（1）再次选择工作流程工具栏中的"Create/Move marker"工具。

（2）选择你想要移动的关键点。

（3）点击并拖到新位置。

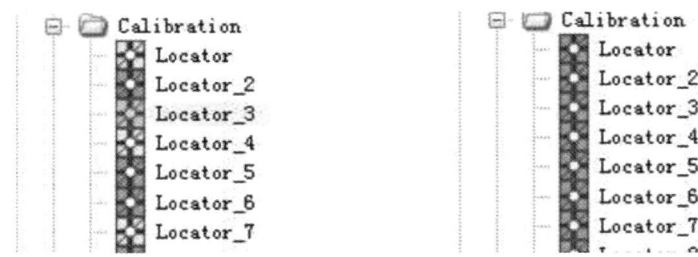

图 5.15　特性工具栏中的 Locators

在调整关键点的位置后，系统的校准过程会自动运转。如果校准没有开始，试验如下内容：一是确保"Preferences"的下拉菜单"Calibration"页面中的"Use Progressive Calibration"处于开启状态（快捷键：P）；二是增加更多的 Locators，以便为系统增加更多的参考参数。

4）添加关键点

在确立世界坐标系统及相机标定完成之后，为了更准确地描述碰撞的变形区域，通过增加已知的限制条件在重建中的描述可使校准更准确，从而为 Image Modeler 提供更多的现场信息。例如，关键点的已知位置；一组点（平面的限制条件）；两点（距离限制条件）之间的一段已知距离；或者直角（角落工具）；平面的限制条件要求确定一个坐标系统。下面介绍附加限制条件的建立过程。在实际工程中，可以根据现实条件及需要做各种限制条件的选择，以使描述更准确。在碰撞变形区域描述中，可以选择已知汽车形状中的直角位置来确定一个直角，如果在所有的可见图像中没有三个关键点来确定一个直角，则需要建立一个附加的关键点。在下列情况中需要增加更多的关键点：

（1）导致 3D 关键点不在这幅图像内的特征。

（2）要精确校准。

（3）符合 Locator 的特征里的关键点被隐藏或者缺失，不能在第三幅图像中确定关键点。

经现场勘查可知，汽车后门窗的左下方为直角关系，如图 5.16 所示，下面以此为关键特征建立两个 Locator 的直角关系：

图 5.16 关键特征的添加

（1）点击建立直角工具，选择"calibration"中的"define corner constraint"工具。

（2）选择一幅图像中的直角点点击，然后在两条直角边的终点处分别点击，这样可在其他两幅照片中的相同关键点处建立三个 Locator。

（3）选择照相机>校验开始校准。Image Modeler 将精确合并这些新限制条件的校准，注意不需要使用很多限制条件。

（4）当两个或更多关键点在同一位置内分享同一条线段时，平面的限制条件将会有用。在这种情况下，我们可以确定更多的限制条件。为了建立这些限制条件，需要选择全部关键点，点击 Marker>Define Planar Constraint。

若要根据照片的关键特征来标定关键点的空间坐标，还需要建立一个辅助的基于世界空间并且表示全部 3D 实体的相关参考坐标系统，它包含的信息有：空间起点（O），三条坐标轴（OX, OY 和 OZ）和一段参考距离。首先需要确定世界空间：

（1）选择"calibration"中的"Worldspace"工具。

（2）拖动世界空间操纵杆到 3D 工作区，Image Modeler 已经选择任意的世界空间定位与定向，如图 5.17 所示。

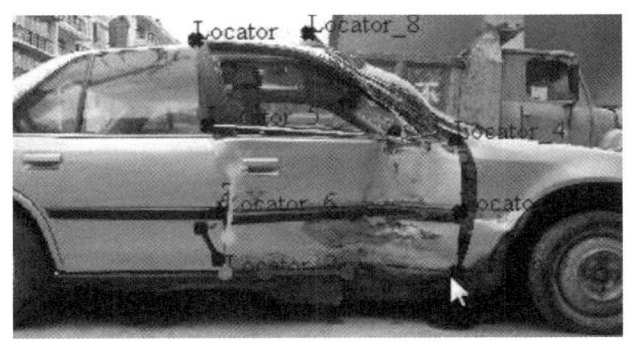

图 5.17　辅助坐标系的确定

（3）分别拖动蓝柄、绿柄、红柄到相关关键点上以确定 X 轴、Y 轴、Z 轴。坐标系统的原点和轴向现在已确定。当此坐标系统被强加时，并不需要确定 Z 轴，因为它与其他两坐标轴正交。空间坐标建立之后，能够描述各个关键点所处的位置关系，但是还不能对它们之间的距离进行描述，这就需要我们添加距离限制条件以标定关键点之间的距离关系，从而对关键点的位置与距离进行描述。下面是添加一已知距离的过程，已知距离可以是参照实体的长度，也可以是车身的已知关键特征的距离。为了更精确地限制条件以展现现实形态，现在为 Image Modeler 提供一段参考距离。已测量车窗的宽度为 0.5m。

① 点击参考距离工具，选择"calibration"中的"define reference distance"工具。

② 通过拖动箭头来描述车窗的距离，并设置参考距离，如图 5.18 所示。

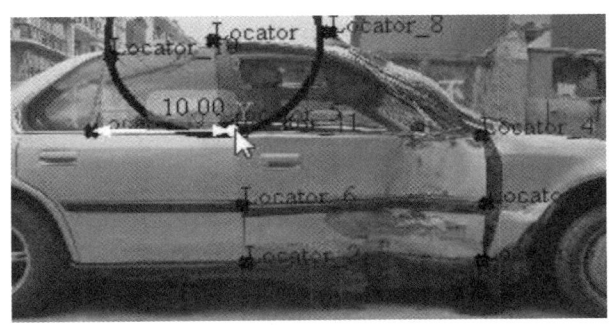

图 5.18　设置参考距离

③ 在操作工具栏的对话框内输入参考距离 0.5 m 编辑领域，然后按 Tab 键初始化。

④ 点击世界空间工具栏内的"Apply"。

5）变形区域的构建

通过照相机的标定可以知道关键点之间的空间位置关系，此时选取图片上标定的点就可以建立相应的 3D 模型了。由于车辆变形比较复杂，所以需增加变形区域的关键点的选取，以便更加精确地描述变形量。对关键点的选取需要参照 CRASH 测量原则并进行有选择的标定，目的是对碰撞区域的描述更真实、对碰撞速度的推算更准确。选取的关键点，如图 5.19 所示。

图 5.19　变形区域的关键点

关键点的选取只是对变形点进行了模糊描述，要对变形区进行真实的描述还需运用 Image Modeler 中的几何体建模工具，如图 5.20 所示。

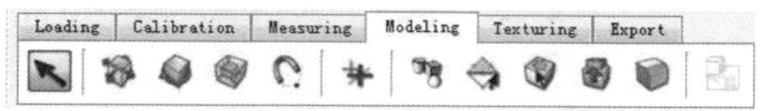

图 5.20　Image Modeler 的建模工具

本节是创建碰撞车辆变形区域的三维模型，要利用已知的距离长度来标定需要测量的方位距离。下面以建立一个立方体为例来阐述一般建模的过程：

（1）点击"Modeling"中的"Create Primitive"工具。

（2）建立模型工具中需要确定的四个点（物体末端）以确定立方体的位置。在创建立方体的过程中，系统会根据你选择的顶点自动地选择另外的顶点。

（3）在创建碰撞车辆变形区域的三维模型过程中，因为车辆及碰撞区域的不规则性，所以在对不规则面进行建模的过程中，大多利用平面建模工具。以三角形为建模工具对变形区域进行三维建模，如图5.21所示。

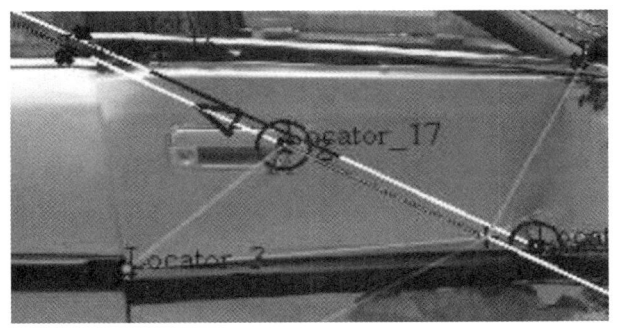

图 5.21　利用平面工具对变形区域建模

（4）建立碰撞变形区域三维模型的目的是精确测量碰撞变形的深度。因此，利用平面建模工具对碰撞变形面进行描述之后，要将 Image Modeler 文件导出到其他的 3D 建模软件中，并在水平面内对碰撞深度进行标定。

6）变形量的测量

在 Image Modeler 中同样可以对关键点之间的距离进行描述。一旦已经校验关键点，确定世界空间和参考距离，就能从图像中直接做出距离和角度测量数据。为了测量两关键点之间的距离，从模型中选择描述一段距离的两个关键点，从"Measuring"工具栏中选择"Distance Ruler"工具，如图5.22所示。此时选择的两个关键点的距离由"Distance Ruler"中确定的关键特征的距离进行了标定，标定结果在特性工具栏的显示界面里显示。

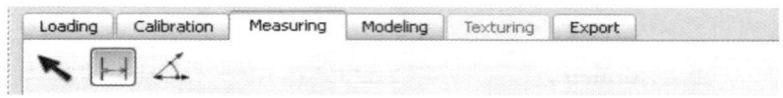

图 5.22 Image Modeler 的测量工具栏

在 Image Modeler 中对变形区域进行三维建模之后，在"Reference Distance"中选取特征明显且已知的关键点之间的距离，并以此为标准，测量其他关键点之间的距离，这样就能够详尽地对变形区域进行描述和测量。通过上述方法对车辆的碰撞变形区域进行标定之后的俯视图结果，如图 5.23 所示（图中数字单位为 mm）。

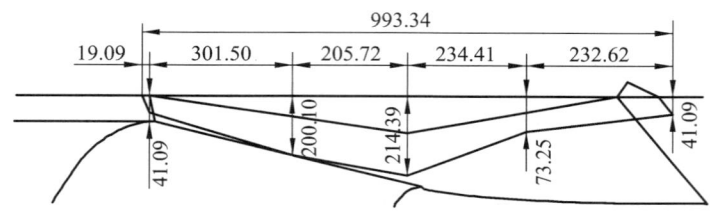

图 5.23 碰撞变形区域俯视图描述

要精确地测量车辆的变形量，就要对未变形的同款车的照片进行外轮廓三维重建，同样可得到外轮廓的俯视图；再将变形车辆的三维重建俯视图和未变形车辆的三维重建俯视图叠加在一起，就可以清晰地看出变形区域的变形量[88]；再运用上面所提到的 CRASH 法则对变形进行测量即可得到变形量，如图 5.24 所示（图中数字单位为 mm）。

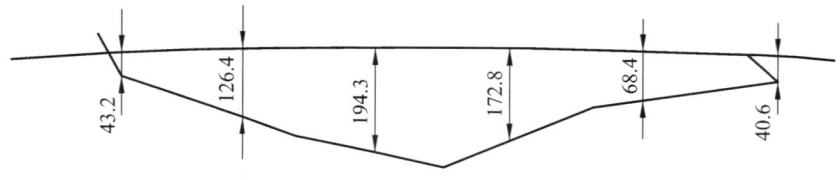

图 5.24 汽车变形量描述

7）变形量的对比分析

通过对变形车辆的二维图片进行三维重建，就可以得到其变形量。为了验证其测量结果是否正确，将其测量结果与具有丰富经验的事故处理人员的手工测量结果进行对比，对比结果如表 5.3 所示。从表 5.3 可以得知，这两种方法测量的结果基本相等，误差率比较低。这也充分证明，Image Modeler 能够快速、简便地运用二维照片对变形区域进行三维重建，并准确地对变形量进行测量，这是目前事故车辆变形量测量的有效方法。不过这种方法也有不足之处，建模时对照片的要求比较高，当照片的光线强度不够强或者颜色模糊时，不利于建模。另外，在建模时还要避免关键点、候选点的假对应发生，以免造成测量误差。本章中利用该方法成功地对一起事故的碰撞车辆变形区域进行了三维重建，并对碰撞变形区域进行了详细描述，从而为碰撞速度的推算以及再现碰撞事故提供了准确的信息参数，为碰撞事故的分析处理提供了有效的方法。

表 5.3 手工测量法与摄影测量法测量结果对比

测量点	C_1	C_2	C_3	C_4	C_5	C_6
手工测量法/mm	44	128	198	176	72	43
摄影测量法/mm	43.2	126.4	194.3	172.8	68.4	40.6
误差/%	1.8	1.3	2	2	5.2	5.9

5.2.4 事故车辆变形量的计算

事故车辆的变形是复杂多变的，不同碰撞部位发生的变形深度不同，因此，在测量时要根据 CRASH 原则在变形区域内选取等宽的六个关键点来测量，以便将变形曲线近似地描述成直线段，方便变形量的计算。对变形区域依次选取六个点 C_1-C_6 来描述其变形量，这相当于使用五个变形区域来近似其变形轮廓。变形宽度取为 w_m，测量每点的变形量相当于测量发生碰撞前车身的变形深度，记为 c_m。每个变形区域的平均变形深度近似为：

$$\frac{c_0+c_1}{2},\frac{c_1+c_2}{2},\cdots,\frac{c_{m-1}+c_m}{2} \qquad (5\text{-}25)$$

如上所测得的变形量不方便对变形能进行计算，可以将其等效成全宽上的平均变形量：

$$c=\frac{1}{2w_0}\sum_{m=1}^{n}w_m(c_{m-1}+c_m) \qquad (5\text{-}26)$$

式中，w_0 为变形区域全宽。

5.3 基于能量网格图的车辆碰撞速度反推模型研究

对碰撞车辆的碰撞前速度进行求解时，应以正确的数学模型为基础，而运用能量法对交通事故现场残留信息进行反推计算时，最重要的是对变形能量的计算。要正确地反推车辆碰撞前速度，再现事故发生过程，就需要建立准确的碰撞车辆变形能量的计算模型。

5.3.1 基于车辆变形的车速推算研究

1. 基于车辆变形的车速推算的步骤和方法

事故再现方法是根据车辆变形、轮胎拖印轨迹、位移、碰撞角度、车辆特性等事故现场残留信息，运用力学知识构建计算模型，并对车辆碰撞过程进行推算，以达到对事故过程进行还原再现的目的。事故再现方法可以分为前推算法和反推算法两种，其中，反推算法指通过碰撞后的参数反推碰撞车辆碰撞前的形态，其步骤如图 5.25 所示。事故再现模型有动量守恒模型和动能守恒模型两种，其中，动能守恒模型是一种利用车体变形特性构建运动方程式并求解的方法。

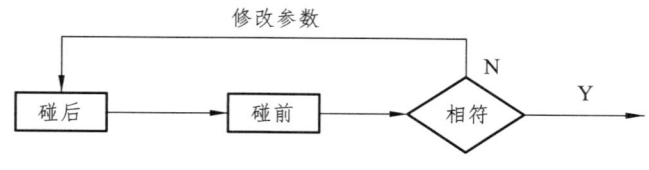

图 5.25 反推算法的步骤

变形能量法是一种基于动能守恒模型的事故再现方法，它以车辆的变形能为基础，根据车辆变形、轮胎拖印轨迹、位移、碰撞角度、车辆特性等事故现场残留信息，通过已有的碰撞试验数据计算出变形能量损失，然后再结合动量、动能定理推导出车辆的碰撞前、后车速变化和碰撞前状态，再现事故的全过程[89]，步骤如图 5.26 所示。能量法属于反推法，在使用过程中需获得其相对应的车型的变形量与变形能量的关系和影响因素，如车辆刚度系数、碰撞宽度和楔入深度对变形能的影响，这些信息主要是通过实车试验来获取的。

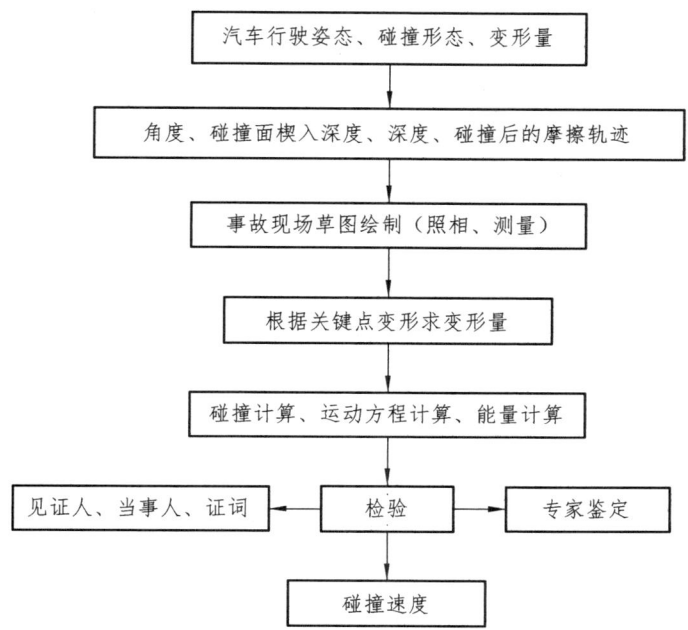

图 5.26　汽车事故碰撞速度计算步骤

运用变形能量法进行事故分析时需要用到两个重要的术语：碰撞过程速度变化（Delta-V）和能量等效速度（Energy Equivalent Speed）。在事故处理时，一般把这两个术语缩写为 Δv 和 EES，其中，Δv 表示碰撞前、后的车速变化量，$\Delta v = v' - v$，用来分析车辆变形程度；EES 是一种能直观地评估变形能的评价工具，其定义如下：

$$E = \frac{1}{2}m(EES)^2 \quad (5\text{-}27)$$

如上面提到的对碰撞过程进行假设，碰撞过程中碰撞能量在理论上完全守恒，即

$$E = \frac{1}{2}m(\Delta v)^2 \quad (5\text{-}28)$$

式中，Δv 为碰撞前、后车速的变化值，当汽车碰撞后完全停止时，车速为 0，所以这里 $\Delta v = EES$，可以推出：

$$\Delta v = \sqrt{\frac{2E}{m}} \quad (5\text{-}29)$$

在车对车碰撞事故中,为了更加准确地描述两车各自的速度变化情况,可通过能量公式分别求出其变形能,再相加得到碰撞过程的总能量 E_T,即可分别计算出两车的速度变化值 Δv [90]。

$$\Delta v_1 = \sqrt{\frac{2E_T \gamma_1}{m_1 \left(1 + \frac{\gamma_1 m_1}{\gamma_2 m_2}\right)}} \quad (5\text{-}30)$$

$$\Delta v_2 = \sqrt{\frac{2E_T \gamma_2}{m_2 \left(1 + \frac{\gamma_2 m_2}{\gamma_1 m_1}\right)}} \quad (5\text{-}31)$$

式中,m_1,m_2 分别为碰撞两车的质量;$\gamma_A = \frac{r_A^2}{r_A^2 + h_A^2}$,$\gamma_B = \frac{r_B^2}{r_B^2 + h_B^2}$,其中 r_A,r_B 分别为碰撞两车的回转半径;h_A,h_B 分别为碰撞两车的撞击力矩。

当求得车辆的碰撞过程的速度变化值 Δv 后,联合车辆碰撞前阶段和碰撞后阶段的运动状况就可以推算出碰撞前的速度,也即事故发生时的速度,从而达到再现事故过程的目的。

2. 变形能量法的实例计算

上面介绍了基于变形能量的速度推算方法,为了验证其求解精度,下面运用这种方法对一起高速公路上的追尾事故进行求解分析。

×年×月×日,在高速公路上,一辆雪佛兰轿车自南向北和一辆停在路边维修的大型集装箱货车发生追尾碰撞。雪佛兰轿车的前部发生严重变形,而货车尾部基本未发生变形,可将其当作刚体处理,整个碰撞过程等价于轿车碰撞固定壁障。雪佛兰的基本信息和碰撞后的变形量信息如表 5.4,5.5 所示。

表 5.4 车辆相关参数表

名称	参数值
长×宽×高/mm	4 825×1 800×1 450
轴距/mm	2 720
质量/kg	1 870

表 5.5　汽车变形量测量结果

编号	C_1	C_2	C_3	C_4	C_5	C_6
变形深度/m	0.485	0.508	0.516	0.586	0.582	0.520

根据表 5.5 中数据可得到刚度系数 f_0=555.2 N/cm，f_1=38.5 N/cm^2，通过公式（5-25）可以求出变形量 c。

$$c = \frac{1}{2w_0}\sum_{m=1}^{n} w_m(c_{m-1}+c_m) = \frac{1}{5}\left(\frac{1}{2}c_1 + c_2 + c_3 + c_4 + c_5 + \frac{1}{2}c_6\right)$$

$$= \frac{1}{5}\left(\frac{1}{2}\times 0.485 + 0.508 + 0.516 + 0.586 + 0.582 + \frac{1}{2}\times 0.520\right)$$

$$= 0.5389\,(\text{m})$$

根据公式（2-6）可以求出变形能 E：

$$E = \left(f_0 c + \frac{1}{2}f_1 c^2 + \frac{f_0^2}{2f_1}\right)w_0 = 161931\,(\text{J})$$

由于货车静止，轿车最后停止，因此，碰撞过程中轿车的变化值 Δv 就是轿车的碰撞前速度。由公式（5-31）可得 v=13.15 m/s=47.4 km/h。

其计算结果与实际车速 50 km/h 存在一定的误差，误差率为 5.4%。误差虽然有点大，但在可接受范围内。变形能量法的求解碰撞速度的误差主要来自变形能量的计算，而导致变形能量计算误差的两个来源是变形量的测量和变形能量的计算模型。

5.3.2　车辆变形能量网格图

1. 能量网格图的基本原理

在交通事故中，碰撞车辆的变形并非均匀而平顺的，利用碰撞方向的平均变形量结合刚度系数计算变形能量，推算碰撞车速，在计算中会存在一定的误差。因此，可以将车前部划分为若干个小部分，分别计算各个部分的能量，构建网格能量图[91]。在计算变形能量时，通过测量的变形量绘出变形曲线，将变形曲线包围的网格的能量值相加即可求出变形能量。这种方法能更加细化对能量的描述，对变形的描述也更加精确，计算出来的变形能量也更加准确，能更准确地利用能量法反推碰撞前速度。在计算变形能时同样需要刚度系数，此时，只需将车辆前部分为若干个小部分，把每个小格当作一个变形区域来求取变形能，其碰撞宽度从 w_{n-1} 到 w_n，碰撞深度从 c_{n-1} 到 c_n。因此，可以求出小格的变形能量为：

$$E = \int_{w_{n-1}}^{w_n}\int_{c_{n-1}}^{c_n} f \mathrm{d}c\mathrm{d}w = \int_{w_{n-1}}^{w_n}\int_{c_{n-1}}^{c_n}(f_0 + f_1 c)\mathrm{d}c\mathrm{d}w \qquad (5\text{-}32)$$

将（5-5）式中的 f_0, f_1 的表达式代入上式得：

$$\begin{aligned}
E &= \int_{w_{n-1}}^{w_n}\int_{c_{n-1}}^{c_n}\left(\frac{mv_0 v_1}{w_0} + \frac{mv_1^2}{w_0}c\right)\mathrm{d}c \\
&= \frac{w_n - w_{n-1}}{w_0} m\left(v_0 v_1 c_n + \frac{1}{2}v_1^2 c_n^2 - v_0 v_1 c_{n-1} + \frac{1}{2}v_1^2 c_{n-1}^2\right) \\
&= \frac{1}{2}m\frac{w_n - w_{n-1}}{w_0}\left[(v_0 + v_1 c_n)^2 - (v_0 + v_1 c_{n-1})^2\right]
\end{aligned} \qquad (5\text{-}33)$$

2. 变形能网格图的建立

以我国生产的某轿车所进行的 49 km/h 正碰和 8.6 km/h 正碰的试验数据为例来建立变形能网格图，该数据来自中国汽车技术研究中心，该车的宽度为 1.52 m，车的质量为 1400 kg，轴距为 2.642 m[92]。分别测得两次碰撞变形量如表 5.6, 5.7 所示。

表 5.6 49 km/h 正碰时的变形量　　　　　单位：mm

变形序号	实验前	试验后	变形量
C_1	4 664	4 201	463
C_2	4 726	4 194	532
C_3	4 763	4 214	549
C_4	4 765	4 191	574
C_5	4 725	4 155	570
C_6	4 665	4 146	519
W_0	1 520	1 525	5

表 5.7　8.6 km/h 正碰时的变形量　　　　单位：mm

变形序号	实验前	试验后	变形量
C_1	4 622	4 620	2
C_2	4 717	4 662	55
C_3	4 779	4 665	114
C_4	4 768	4 670	98
C_5	4 714	4 670	44
C_6	4 611	4 619	-8

通过公式（5-25）可以求出变形量分别为 543.2 mm 和 61.2 mm。Campbell 已从大量实车试验中总结出汽车碰撞速度与残余变形呈线性关系（即式（5-1））。将碰撞速度 v 和变形量 c 代入式（5-1），可得下式：

$$\begin{cases} 13.6 = v_0 + v_1 c = v_0 + 0.54 v_1 \\ 2.39 = v_0 + 0.06 v_1 \end{cases} \quad (5\text{-}34)$$

求解上式，可得 v_0 =0.967，v_1 =23.257。

通过所得数据可建立变形能网格图。在建立变形能网格图时将车前部在宽度上分为五部分，每部分的宽度为 300 mm；在深度上，设总深度为 1000 mm，也分为五部分，每部分深度为 200 mm。用公式（5-32）计算出每小格的变形能 E，即可画出变形能量网格图。计算过程如下：

变形深度从 0~200 mm 时，

$$\begin{aligned} E &= \frac{1}{2} m \frac{w_n - w_{n-1}}{w_0} \left[(v_0 + v_1 c_n)^2 - (v_0 + v_1 c_{n-1})^2 \right] \\ &= \frac{1}{2} \times 1400 \times \frac{1}{5} \left[(0.967 + 23.25 \times 0.2)^2 - (0.967 + 23.25 \times 0)^2 \right] \\ &\approx 4745.8 \text{ (J)} \end{aligned}$$

变形深度从 200~400 mm 时，

$$\begin{aligned} E &= \frac{1}{2} m \frac{w_n - w_{n-1}}{w_0} \left[(v_0 + v_1 c_n)^2 - (v_0 + v_1 c_{n-1})^2 \right] \\ &= \frac{1}{2} \times 1400 \times \frac{1}{5} \left[(0.967 + 23.25 \times 0.4)^2 - (0.967 + 23.25 \times 0.2)^2 \right] \\ &= 10800 \text{ (J)} \end{aligned}$$

变形深度从 400~600 mm 时，

$$E = \frac{1}{2}m\frac{w_n - w_{n-1}}{w_0}\left[(v_0 + v_1c_n)^2 - (v_0 + v_1c_{n-1})^2\right]$$
$$= \frac{1}{2} \times 1400 \times \frac{1}{5}\left[(0.967 + 23.25 \times 0.6)^2 - (0.967 + 23.25 \times 0.4)^2\right]$$
$$= 16854.4 \text{ (J)}$$

变形深度从 600~800mm 时，

$$E = \frac{1}{2}m\frac{w_n - w_{n-1}}{w_0}\left[(v_0 + v_1c_n)^2 - (v_0 + v_1c_{n-1})^2\right]$$
$$= \frac{1}{2} \times 1400 \times \frac{1}{5}\left[(0.967 + 23.25 \times 0.8)^2 - (0.967 + 23.25 \times 0.6)^2\right]$$
$$= 22908.7 \text{ (J)}$$

变形深度从 800~1000mm 时，

$$E = \frac{1}{2}m\frac{w_n - w_{n-1}}{w_0}\left[(v_0 + v_1c_n)^2 - (v_0 + v_1c_{n-1})^2\right]$$
$$= \frac{1}{2} \times 1400 \times \frac{1}{5}\left[(0.967 + 23.25 \times 1)^2 - (0.967 + 23.25 \times 0.8)^2\right]$$
$$\approx 28503 \text{ (J)}$$

由上面计算的数据可画出能量网格图，如图 5.27 所示。

汽车前部

4746	4746	4746	4746	4746	0
10800	10800	10800	10800	10800	0.2
16854	16854	16854	16854	16854	0.4
22909	22909	22909	22909	22909	0.6
28503	28503	28503	28503	28503	0.8
					1.0

汽车宽度方向

图 5.27 车身前部能量网格图

运用同样的方法可以完成对汽车侧面碰撞、后面碰撞能量网格图的建立。由于没有实车试验数据，可以借鉴美国国家高速公路交通安全局通过试验获取的数据来建立，建立的侧面碰撞和后面碰撞能量网格图如图 5.28，5.29 所示。

汽车后部

10810	10810	10810	10810	10810	0.6
9192	9192	9192	9192	9192	0.5
7575	7575	7575	7575	7575	0.4
6030	6030	6030	6030	6030	0.3
4412	4412	4412	4412	4412	0.2
4045	4045	4045	4045	4045	0.1
					0

汽车宽度方向

图 5.28 某乘用车汽车后部能网格图

汽车长度方向

4340	14340	25831	25831	14340	14340	14340	14340	14340	14340
4340	14340	28772	28772	14340	14340	14340	14340	14340	14340
4340	4340	28772	28772	4340	4340	4340	4340	4340	4340
4340	4340	28772	28772	4340	4340	4340	4340	4340	4340
4340	4340	28772	28772	4340	4340	4340	4340	4340	4340
4340	4340	28772	28772	4340	4340	4340	4340	4340	4340

图 5.29 某乘用车侧面碰撞的能量网格图

3. 变形能网格图精度验证

交通事故处理人员在计算车辆变形能时，对车身前部的变形一般会从保险杆的中点开始测量，这样测量的数据才更加准确[93]。因此，在验证网格能量图精度的同时还需对此种测量方法进行验证。下面分别以正常测量和以保险杆中点测量这两种方法测量变形，来验证上面构建的网格能量图的精度。

1）当正碰速度为 49 km/h 时

进行实际变形测量时，得到的变形曲线网格图如图 5.30 所示，变形曲线经过的网格的能量等于变形曲线所围的面积占整个网格的比例乘以整个网格所占据的能量。变形曲线包含所有网格的能量总和，称为变形能量值。

由图 5.30，我们可以求出变形能：

$$E = 5 \times 4746 + 5 \times 10800 + 6330 + 8866 + 8958 + 9434 + 9012$$
$$= 120330 \text{（J）}$$

4746	4746	4746	4746	4746
10800	10800	10800	10800	10800
6330	8866	8958	9434	9012
22909	22909	22909	22909	22909
28983	28983	28983	28983	28983

0　0.2　0.4　0.6　0.8　1.0

图 5.30　实际变形的能量网格图

根据公式（5-29）可以求出 v=13.1m/s = 47.2 km/h。由此可以算出，此速度与 49 km/h 的误差为 3.8%。

当以保险杆中点为变形起点测量时，得到的变形网格能量图如 5.31 所示。

4746	4746	4746	4746	4746
10800	10800	10800	10800	10800
6330	8866	8958	9434	9012
22909	22909	22909	22909	22909
28983	28983	28983	28983	28983

0　0.2　0.4　0.6　0.8　1.0

图 5.31　以保险杆为起点测量的变形能量网格图

同理求出变形能为 E=124942 J，从而推出 v=13.36 m/s = 48.1 km/h，误差率为 1.9%。

2）当正碰速度为 8.6 km/h 时

以实际变形测量值构建的网格能量图如图 5.32 所示。

982	2106	2265	2096	873
10800	10800	10800	10800	10800
5362	6684	7082	7049	6746
22909	22909	22909	22909	22909
28983	28983	28983	28983	28983

0　0.2　0.4　0.6　0.8　1.0

图 5.32　实际变形的能量网格图

根据图 5.33 计算出变形能量和初速度分别为 E = 8322 J, v = 3.45 m/s =12.4 km/h，与实际速度 8.6 km/h 的误差为 44.3%。

当以保险杆中点为变形起点测量时，得到的变形网格能量图如 5.33 所示。

574	1552	1635	1528	526
10800	10800	10800	10800	10800
5362	6684	7082	7049	6746
22909	22909	22909	22909	22909
28983	28983	28983	28983	28983

图 5.33 以保险杆为起点测量的变形能量网格图

根据图 5.33 计算出变形能量和初速度分别为 E = 5815 J，v =2.88 m/s =10.4 km/h，与实际速度 8.6 km/h 的误差为 21%。

由上述验证过程计算的数据可得出如下结论：

（1）以实际测量尺寸计算出的能量网格图计算的变形能量和速度比以保险杆中点为起点测量变形量计算出的能量网格图计算的变形能量和速度的误差要大；

（2）随着碰撞速度的降低，由于弹性恢复的存在，其误差更大。

4. 能量网格图的改进

由上述可知，用变形能量网格图推算出的车速具有一定的精度，但其精度是基于正确的刚度系数，因此，要想获取高精度的刚度系数，至少需要进行高速、低速两次实车碰撞试验。由于国内汽车工业还处于快速发展期，无法满足用大量实车试验来进行交通事故处理研究，因此，要尽可能地减少实车试验的次数或方便地运用有限元碰撞模拟仿真来构建能量网格图，从而达到推算碰撞速度的目的，这不失为一种好的办法。

由 5.2 节可知，通过作用力 F 对变形量 c 积分同样可求出变形能。如果在实车试验时，在固定壁障上安装测力仪，可以测出碰撞力随时间变化的曲线 $F(t)$，当获取变形量与时间的曲线 $c(t)$ 后，即可以通过一次碰撞试验构建变形能量网格图，求出变形能量。在有限元仿真时可在计算结果中得到曲线 $F(t)$ 和 $c(t)$，以便快速、方便地建立变形能量网格图。用此种方法构建变形能量网格图时，把车身在宽度上分为若干个部分，记相邻两个关键点的宽度为 w_n，车身宽度为 w_0，其变形能量的积分公式为：

$$E = \frac{w_m}{w_0} \int_{t_{n-1}}^{t_n} F(t)c(t)\mathrm{d}t \qquad (5\text{-}35)$$

当无法安装测力仪，不能够获得曲线$F(t)$时，如果能得到加速度曲线$a(t)$，通过$a(t)$乘以车辆质量得到碰撞力，再对$c(t)$曲线求积分可得到变形能量，其变形能量的积分公式为：

$$E = \frac{w_m}{w_0} \int_{t_{n-1}}^{t_n} ma(t)c(t)\mathrm{d}t \qquad (5\text{-}36)$$

以上公式是对等量变形深度所经历的时间积分，以求出每小格所吸收的能量，从而构建出变形能量网格图。此种方法只需要进行一次实车试验就可以得出能量网格图，减少了车速试验的次数，也可以用有限元模拟仿真来获取，具有实用性和灵活性。不过，此种方法需要设置测力墙或在固定壁障上安装测力仪，而且需要以较高的速度完成试验碰撞，因为从上面验证过程得知，速度越低，得到的结果误差越大。

5.3.3　基于变形能量的车速推算数学模型

当求解出碰撞汽车的变形能量后，汽车的碰撞前速度求解将变得相对简单，主要是结合碰撞前、碰撞后车辆的运动形态来求解。汽车碰撞是复杂多变的，不同的碰撞方式，对其事故再现时所用的计算方法也不一样。一维碰撞，相对简单，根据动量、能量守恒定律就可以导出碰撞前速度；关于二维碰撞，因为碰撞过程伴随着旋转、侧移，其推导过程也相对复杂很多[94]。

1. 对车的一维碰撞

1）正面碰撞

一维碰撞主要有正面碰撞和追尾碰撞，其中，在正面碰撞时，车辆的变形发生在纵轴线上，同时车辆也是沿着纵轴线运动的。在碰撞过程中，能量大部分转换为车辆变形，所以，在计算过程中一般会忽略其旋转动能和外力的影响。两车在碰撞过程中，动量、动能守恒，根据动量、动能定理可推出：

$$\begin{cases} \dfrac{1}{2}m_A v_A^2 + \dfrac{1}{2}m_B v_B^2 = \Delta E_A + \dfrac{1}{2}m_A v_A'^2 + \Delta E_B + \dfrac{1}{2}m_B v_B'^2 \\ m_A v_A + m_B v_B = m_A v_A' + m_B v_B' \end{cases} \quad (5\text{-}37)$$

式中，m_A，m_B 为两车的质量，v_A，v_B 为两车碰撞前的速度，v_A'，v_B' 为两车碰撞后的瞬时速度，ΔE_A，ΔE_B 为所吸收的塑性变形能。

由上述方程组可以求出碰撞过程中两车速度的变化，而汽车从碰撞分开瞬间到停止瞬间的能量主要被摩擦力所消耗，由动能转换成摩擦能，所以，由动能定理得知：

$$\dfrac{1}{2}mv'^2 = mg\varphi kl \quad (5\text{-}38)$$

式中，φ 为轮胎与路面的摩擦系数；k 为附着系数修正值，全轮制动时 $k=1$，当只有前轮或后轮制动时 $k=0.5$；l 为车辆滑行距离。

在反推交通事故现象残留信息时，可先通过（5-38）分别求出两车碰撞分开后的速度 v'，再代入式（5-37）即可求出两碰撞车辆的碰撞前速度。

2）追尾碰撞

追尾碰撞和正面碰撞具有相同的基本原理，它们的不同之处在于，追尾碰撞在碰撞前，后车的速度大于前车的速度，当两车碰撞后，后车的速度会降低，进而达到与前车相同的速度，而后随着速度的降低，与前车分离，最后停止[95]。在此过程中，追尾车辆当发现危险时都会采取紧急制动措施，而被追尾车辆为了尽快摆脱险情，从碰撞中脱离出来，一般都没有采取制动措施。因此，碰撞分开后两车共同的动能由追尾车辆通过摩擦做功和被追尾车辆通过向前滚动来消耗掉，所以，根据动量、动能守恒得到：

$$\begin{cases} \dfrac{1}{2}m_A v_A^2 + \dfrac{1}{2}m_B v_B^2 = \Delta E_A + \Delta E_B + \dfrac{1}{2}(m_A+m_B)v_c^2 \\ m_A v_A + m_B v_B = (m_A+m_B)v_c \\ \dfrac{1}{2}(m_A+m_B)v_c^2 = m_A g\varphi k l_A + m_B g f_b l_B \end{cases} \quad (5\text{-}39)$$

式中，f_b 为被撞车辆滚动阻力系数；l_B 为被撞车辆分开后滚动距离。

2. 车对车的二维碰撞

在实际交通事故中，一维碰撞比较少见，大部分交通事故都是二维碰撞，二维碰撞比一维碰撞复杂。在碰撞中，除撞击力外，两车可能还会产生刮擦，从而产生摩擦力，并在撞击力和摩擦力共同作用下产生力矩；再由于力矩作用，车辆产生回旋运动，同时碰撞作用点也会随车辆的不断变形而有轻微的变化[96]。

若碰撞过程中没有车辆的回转运动，依据动能、动量定理可得：

$$\begin{cases} \dfrac{1}{2}m_A v_A^2 + \dfrac{1}{2}m_B v_B^2 = \Delta E_A + \dfrac{1}{2}m_A v_A'^2 + \Delta E_B + \dfrac{1}{2}m_B v_B'^2 \\ m_A v_A \cos\alpha + m_B v_B \cos\beta = m_A v_A' \cos\alpha + m_B v_B' \cos\beta \end{cases} \quad (5\text{-}40)$$

式中，α，β 分别为两车的速度方向和固定坐标轴 X 的夹角。

若碰撞过程中有回转运动时，有

$$\begin{cases} v_A = \sqrt{\dfrac{2\gamma_A \gamma_B m_B (\Delta E_A + \Delta E_B)}{m_A(\gamma_A m_A + \gamma_B m_B)}} \Big/ \cos^2\alpha \\ v_B = \sqrt{\dfrac{2\gamma_A \gamma_B m_A (\Delta E_A + \Delta E_B)}{m_B(\gamma_A m_A + \gamma_B m_B)}} \Big/ \sin^2\alpha \end{cases} \quad (5\text{-}41)$$

式中，$\gamma_A = \dfrac{r_A^2}{r_A^2 + h_A^2}$，$\gamma_B = \dfrac{r_B^2}{r_B^2 + h_B^2}$，其中，$r = \sqrt{\dfrac{a^2 + b^2}{12}}$，$a$，$b$ 分别为该车的长和宽；r_A，r_B 分别为两车的回转半径；h_A，h_B 分别为两车的撞击力矩。α 为该车碰撞力方向与速度方向的夹角；α，h 的位置如图 5.34 所示。

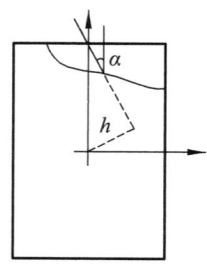

图 5.34 汽车斜碰撞受力图

将事故现场获取的已知条件代入式（5-37）、(5-38)、(5-39)、(5-40)、(5-41)中相对应的计算模型中，再解方程组即可推导出碰撞前速度 v_A，v_B。

5.4 基于有限元模拟仿真的车辆变形能量分析

在 5.3 节主要介绍了基于变形量网格图的变形能量的求解和速度推算研究，其中，对车辆变形能的求解是以刚度系数为基础的，而获取刚度系数的有效方法为实车碰撞试验。实车碰撞试验由于成本高、耗时长，并未在事故再现方面得到运用，我们也无法对车辆的刚度系数与变形量和变形能的关系进行深入研究。计算机有限元仿真技术的发展，降低了汽车碰撞研究的成本，缩短了研究过程，是研究车辆事故再现的重要手段和方法。图 5.35 为有限元碰撞模拟仿真流程图。

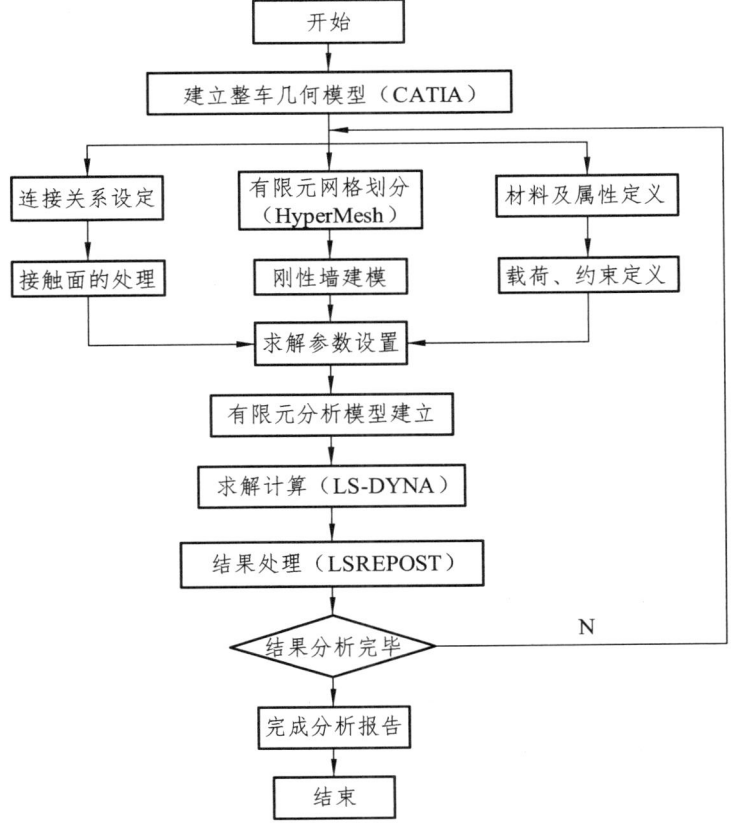

图 5.35 有限元碰撞模拟仿真流程图

利用计算机仿真模拟车辆碰撞过程最重要的是要确保仿真结果的精度和准确性，而其准确性主要依赖于模型的精度。因此，本节将对汽车有限元建模的过程进行研究，并通过模拟仿真所得的数据来获取刚度系数并构建变形能量网格图，验证改进后的能量网格图是否正确。

本节中的前处理主要是在 HyperMesh 中进行的。HyperMesh 是 HyperWorks 软件的一个软件包，主要用于前处理，具有强大的前处理功能，在汽车、航空领域得到了广泛运用[97]。而求解计算和后处理是在 LS-DYNA 中进行的。LS-DYNA 是由 LSTC 公司专门开发的，主要用来求解计算二维、三维非线性结构的高速碰撞、爆炸和金属成型等各种复杂问题[98]，在汽车安全领域得到了广泛运用。

5.4.1 汽车正面碰撞有限元建模

汽车碰撞有限元建模的发展经历了三个阶段：在早期，由于计算机技术不够成熟，主要以简化的杆和梁来建模，这种建模方法误差很大；随后，渐渐地开始以实车为基础进行有限元建模，以测量的实车节点坐标为基础划分网格，从而构建完整的整车有限元模型，不过这种方法过于烦琐、费时；随着三维 CAD 技术的发展，以 UG、Pro/E、CATIA 等三维建模软件建立汽车整车三维几何模型，再结合 LS-DYNA、PamCrash 等 CAE 有限元分析软件建立有限元分析模型[99]，可完整地建立详细、精确的汽车碰撞有限元模型，为汽车碰撞有限元分析提供了良好的保证，这也是当前最常用的办法。

以三维几何模型为基础建立有限元模型时，由于汽车结构过于复杂，通常会在保证有限元分析结果的前提下对模型结构进行一定的简化。受到时间和计算机配置限制，主要以湖南大学汽车实验室用于碰撞分析研究的某款国产车的有限元模型为基础，对其进行简化，建立所需的有限元模型。模型基本参数如表 5.8 所示，模型如图 5.36 所示。

表 5.8　某款车的主要技术参数

类别	单位	参数
车长×车高×车宽	mm	5 010×1 840×1 460
轴距	mm	2 740
前轮距	mm	1 568
后轮距	mm	1 596
整车质量	kg	1 625

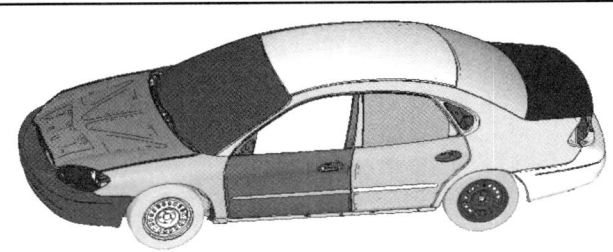

图 5.36　某国产轿车几何模型

1. 模型简化和网格调整

在汽车碰撞模拟中主要研究变形区域，而发生正面碰撞的汽车的变形区域主要集中在保险杠、前翼子板、发动机盖等部位，所以，需要对这部分进行细化处理；而对于发动机、发电机等变形微小的部件，一般会按其尺寸进行简化，并当成刚性体来处理（见图 5.37）。而且所提供的有限元模型主要用于汽车结构研究和人体受损研究，整车模型中包括假人模型、安全气囊等机构，在研究中不需要对这些部分进行研究，可以去除。

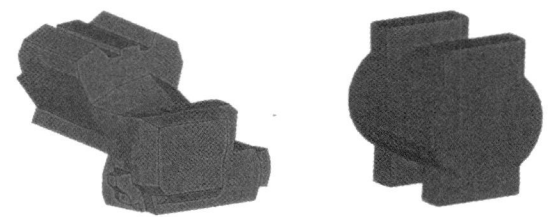

图 5.37　发动机（左）与发电机（右）的简化图

由于现有模型网格数量大，现有的计算机配置无法达到计算要求，所以要对模型进行网格调整，以便在保证网格质量的同时降低网格数量，达到符合计算机计算要求和降低计算运行时间要求。发生正面碰撞的汽车的变形区域主要在车头部位，所以 A 柱以前部分的网格要密一些，可以只做微调，其他不发生变形的部分可以把网格调整得大一些，网格大小一般在 10~50 mm。

对网格调整后还需要对网格质量进行检查。好的网格质量是计算结果精度高低的保证，所以需要在调整网格时对网格质量进行控制，并在调整后进行检查，将其质量控制在要求范围之内。在划分网格和检查网格质量时应注意如下几点[100]：（1）检查自由面和自由边，防止模型中含有不合理的裂缝；（2）单元连接检查和坐标系统检查，以保证壳单元的一致性；（3）消除重合节点和重合单元，防止出现载荷定义错误；（4）单元形状检查，包括翘曲度、雅克比、倾斜角度等。在检查网格质量时，对划分的网格的锥度比、细长比、内角、拉伸值、翘曲量等指标度量有一定的指标要求，其控制标准如表 5.9 所示。

表 5.9　网格检查规范其控制标准

单元翘曲角度（Warpage）	小于等于 15°
倾斜角度（Skew Angle）	小于等于 10°
三角形内角（Angle Tria）	20°~120°
单元长宽比（Aspect Ratiao）	小于等于 5°
四边形内角（Angle Quad）	40°~145°
雅克比（Jacobian）	大于 0.6

在划分网格时，并非所有网格单元都能满足规范标准，有时甚至会因为过度追求网格质量，致使网格格局发生畸变，产生更多的失效单元。因此，在调整网格时，可以通过移动节点，调整长宽比，将一个单元分割成两个单元等方法使单元网格的翘曲角度、长宽比、雅克比等达到标准所需范围内（调整方法见图5.38）。由于有些部件过于复杂，对其网格划分时难以保证所有网格都符合标准要求，所以要对整车失效网格数进行一定的限制。一般整车网格中失效网格单元数不超过10%即合格，当然失效网格是越小越好[101]。

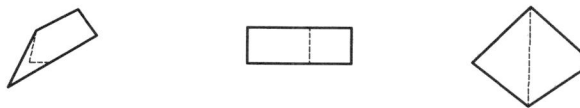

（a）内角过大或过小　（b）长宽比过大　（c）翘曲度过大

图 5.38　质量较差的单元网格调整方法

原模型对结构的材料属性、单元类型等都进行了定义，不需要进行修改。由于有些节点的变动，其连接点也会发生变动，需要对其连接关系进行重新定义。经过调整完成了整车有限元模型的前处理过程，该模型总共有 399035 个单元，363678 个节点。简化后有限元模型如图 5.39 所示。

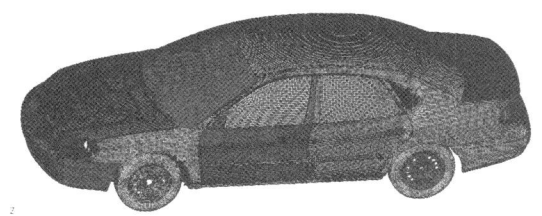

图 5.39　简化的有限元整车模型

2. 建立刚性墙

由于实车试验时固定壁障基本不发生变形，等似于刚性体，所以在有限元碰撞模拟模型中，一般用刚性墙来替代实车试验中的固定壁障。在建模时，刚性墙可用一个平面来定义，对刚性墙的面积，可以给固定值，也可以给无限值，表示平面可无限扩展。在汽车碰撞模型中，固定壁障和地面都用刚性墙来表示，而刚性墙通过限制自由度来模拟固定，以使其在模拟碰撞中不发生位移和变形。其效果如图 5.40 所示。

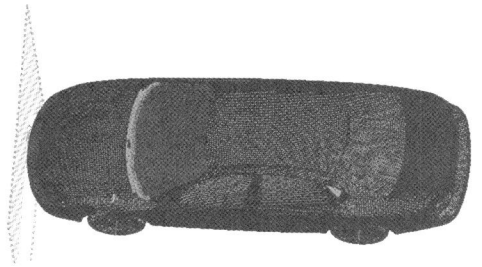

图 5.40　加刚性墙的有限元整车模型

3. 载荷、约束加载

1）碰撞初速度

用有限元碰撞模拟研究汽车刚度系数时，需要进行高、低速两次碰撞试验，其范围间隔要大一点。在本章模拟仿真中分别用 10 km/h、50 km/h 的速度进行模拟仿真。

2）重力加速度

重力加速度对模拟仿真会造成一定的影响，这是必须要注意的因素。为了确保模拟仿真的准确性，要给有限元模型设置垂直向下的重力加速度，为 9.8 m/s²。

3）轮胎压力

在汽车模拟碰撞过程中，轮胎只与地面产生摩擦，并未与刚性墙发生接触，所以，可以将轮胎模型简化。一般情况下，对轮胎施加 0.25 MPa 的压力载荷。

4. 初速度设置和接触面定义

要模拟碰撞仿真，就必须给汽车赋予一个初速度，在 Hypermesh 里建立一个 set，给汽车在 X 轴赋予一个初速度，如图 5.41 所示。

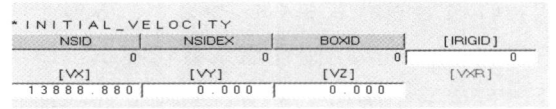

图 5.41 初速度设置

为了防止碰撞时发生穿透，必须对刚性墙与汽车进行接触面定义，刚性墙的接触类型比较简单，定义为 autosingle surface。如图 5.42 所示。

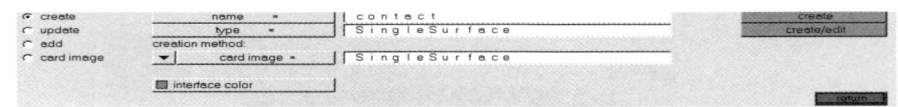

图 5.42 接触面定义

5. 求解控制参数

1）计算时间

因为汽车碰撞过程一般都发生在 70~120 ms，所以在模拟仿真时取

120 ms 为终止时间，这样才能保证在计算完整的同时节省计算时间。

2）内部摩擦系数的确定

一般碳素钢的静态摩擦系数和动态摩擦系数均为 0.15，所以在模拟计算时，对车体结构的内部摩擦系数也取为 0.15。

3）时间步长系数的确定

实际中广泛采用显式的中心差分法来求解显示算法。其中，中心差分法是条件稳定的，即其时间步长不能超过临界步长，而一个有限元离散系统的临界步长取决于该系统的最高频率成分。中心差分法的稳定性准则（即 Cournt 准则）为：

$$\Delta t = \frac{2}{\omega_{\max}} \quad (5\text{-}42)$$

实际中，常用有限元网格的特征长度除以应力波得出近似临界时间步长：

$$h = a\left(\frac{l}{c}\right) \quad (5\text{-}43)$$

式中，a 为时间步长系数；c 为应力波传播速度；l 为单元网格特征长度。

在碰撞计算中，根据模型网格的划分情况，初始步长一般取为 $10^{-9} \sim 10^{-7}$ s；对汽车碰撞而言，时间步长系数不宜过大，一般低于 0.07[102]。

4）传感器设置

同实车碰撞试验一样，传感器不可或缺，灵活设定数字传感器，用时间、接触力、加速度、相对位移等物理参数以及逻辑函数来控制某一项设置，以实现动态的、复杂的模拟计算控制。在本研究中，主要对刚性墙的碰撞力、汽车变形、加速度变化等进行研究，所以在刚性墙和汽车 B 柱上设置了传感器。

5）设定时间历程输出

通常，软件默认输出一些基本变量的时间历程，因此，可以自行设定不同对象（节点、单元等）的相关变量输出。输出参数有位移、旋转角度、速度、加速度、角速度、角加速度、接触力、应力、应变、材料厚度、温度和能量密度等，以便在后处理时能够得到完整的数据，提高结果文件的有效性。

6）设定计算控制参数

要完成一个计算，必须有时间控制参数，即物理过程结束时间、时间历程曲线采样点、图形运动变形状态输出等。另外，还有一些控制选项，这将会对计算起到很大的帮助作用，它们是时间步长控制、沙漏控制和节点阻尼等。对模拟仿真计算来说，时间步长取值大小关系到计算的精度和计算时间的长短，一般通过手动设置时间步长，将计算精度和计算时间控制在所需要的范围内。通常情况下，有以下三种时间步长的控制措施[103]：

（1）初始时间步长放大：在材料硬度不变的情况下，通过改变材料密度来提升初始时间步长的值（为避免对材料修改过大，应在计算后检查质量增加的情况）。

（2）最短时间步长设定：通过修改材料的弹性模量，来限制计算步长随网格变形不断下降的程度，同时，系统的能量吸收不会受到影响。

（3）节点质量动态放大：根据计算步长的下降程度，动态增大节点质量，从而保证计算稳定进行（为避免对材料修改过大，应在计算后检查质量增加的情况）。

7）沙漏控制

整车模型的网格大多采用的是四边形壳体和实体单元，如果不对模型采取全积分计算方法，计算过程将会出现沙漏模态，而全积分计算方法的计算效率比较低，因此，在碰撞模拟仿真时一般采用单点积分算法，以减少计算时间。运用单点积分算法就必须对沙漏进行控制。在碰撞模拟仿真中一般采用刚度沙漏控制法，要很好地控制沙漏形态，控制系数的取值范围为 0.05~0.1 最佳[104]。

5.4.2 仿真模型的准确性验证

模型是否正确对刚度系数和能量网格图的研究至关重要，只有确保有限元模型正确，才能用有限元模拟代替实车试验对事故再现进行研究。本模型来自湖南大学汽车研究实验室，可以通过有限元模拟仿真结果与实车试验和原模拟仿真结果的数据对比，以验证调整模型是否正确。下面从整车变形、刚性墙受力和加速度等几方面与湖南大学所做的实验报告结果进行对比分析。由于 C-NACP 对此款车的正面碰撞测试速度为 50 km/h，本次有限元模拟碰撞采用的速度也为 50 km/h。

1. 整车变形

将仿真模拟结果与简化的有限元模型和此款车在 C-NCAP 管理中心的正面碰撞评估数据进行对比（见图 5.43）。

（a）实车碰撞变形图

（b）调整前的变形图　　　（c）调整后的变形图

图 5.43　整车模型对比图

2. 刚性墙受力（见图 5.44）

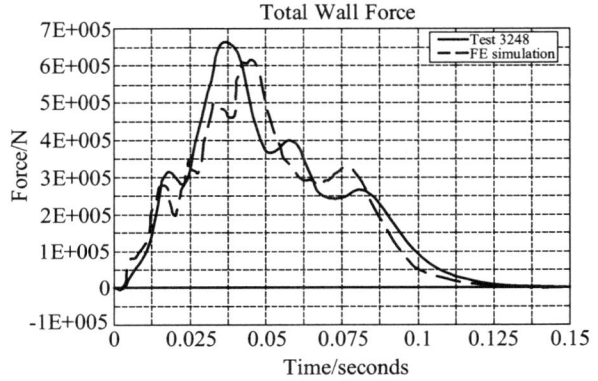

（a）调整前模型碰撞力与实车碰撞力对比图

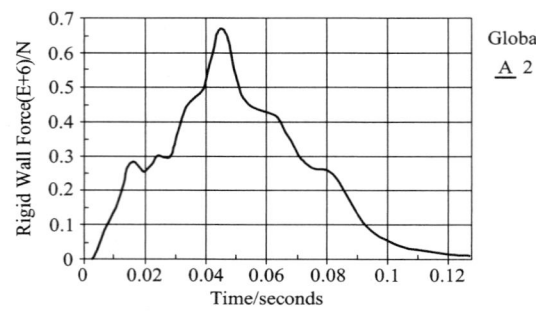

（b）调整后模型刚性墙受力曲线图

图 5.44　刚性墙受力曲线对比图

3. 加速度曲线（见图 5.45）

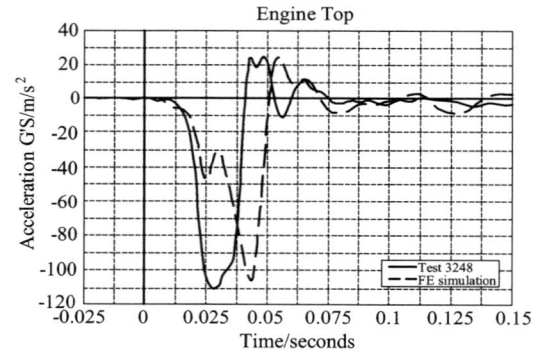

（a）调整前模型加速度与实车加速度对比图

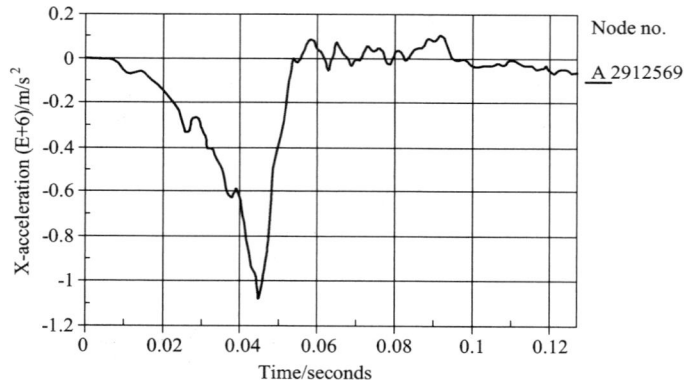

（b）调整后模型加速度曲线图

图 5.45　B 柱加速度曲线对比图

通过上面对比图可看出，调整后的模型与实车碰撞、调整前的模型碰撞后变形、刚性墙受力情况、加速度曲线基本一致。有限元模型能够将误差控制在20%以内，计算模型具有一定的准确性[105]。而本模型通过对比来看，误差完全在10%以内，所以修改后的模型具有较高的准确性。

5.4.3 基于仿真模型的刚度系数获取

1. 刚度系数获取

要想获取车辆的刚度系数，至少需要两次碰撞试验，而想通过有限元碰撞模拟试验来代替实车试验获取此款国产车的刚度系数，由于改进后的有限元模型计算一次需37个小时，在此只通过两次有限元模拟碰撞试验来获取刚度系数，两次碰撞的速度分别为 10 km/h、50 km/h。碰撞后变形图如图 5.46 所示。

（a）10 km/h

（b）50 km/h

图 5.46 碰撞后效果图

变形后对变形量的测量需通过对车头和车尾的关键点进行标记，再通过测量碰撞前后关键点的距离，相减可得到，关键点的标记如图 5.47 所示。通过测量得到两种速度下每个关键点的位移距离，如表 5.10 和 5.11 所示。

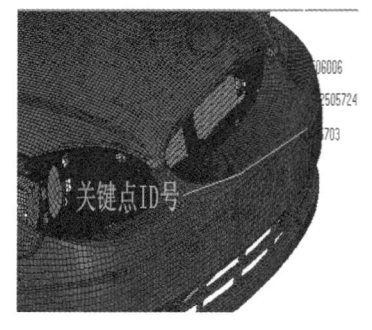
（a）车头前部关键点 ID 序号

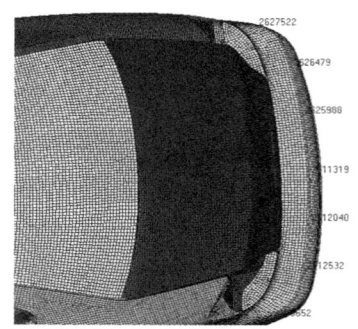
（b）车尾对应关键点 ID 序号

图 5.47　模型车头和车尾关键点

表 5.10　10 km/h 关键点变形量

变形关键点序号	变形量/mm
2 635 562	507
2 635 532	548
2 633 104	573
2 505 706	596
2 505 724	594
2 506 006	524

表 5.11　50 km/h 关键点变形量

变形关键点序号	变形量/mm
2 635 562	42
2 635 532	78
2 633 104	125
2 505 706	123
2 505 724	98
2 506 006	64

通过公式（5-25）可求出车辆碰撞速度下的碰撞变形。

以 10km/m 碰撞时的碰撞变形量：

$$c = \frac{1}{5}\left(\frac{1}{2} \times 507 + 548 + 573 + 596 + 594 + \frac{1}{2} \times 524\right) = 565.30 \text{ (mm)}$$

以 50km/m 碰撞时的碰撞变形量：

$$c = \frac{1}{5}\left(\frac{1}{2} \times 42 + 78 + 125 + 123 + 98 + \frac{1}{2} \times 64\right) = 94.8 \text{ (mm)}$$

根据公式（2-1）可求出刚度系数：

$$13.89 = v_0 + v_1 c = v_0 + v_1 \times 0.561$$

$$2.78 = v_0 + v_1 c = v_0 + v_1 \times 0.079$$

求得刚度系数 $v_0 = 0.96$ N/cm，$v_1 = 23.05$ N/cm^2。

根据公式（5-5），可以得出 $f_0 = 531.3$ N/cm、$f_1 = 33.7$ N/cm^2。

2. 结果对比分析

通过表 5.2 可以查出本款车的刚度系数为 $f_0 = 555.2$ N/cm，$f_1 = 38.6$ N/cm^2。这与上面有限元碰撞模拟试验所得到的刚度系数有一点偏差，但由于不同车型拥有不同的刚度系数，此偏差仍在合理范围之内。由此可见，运用有限元碰撞模拟试验来获取我国汽车的刚度系数具有一定的可行性。

5.4.4　对改进能量网格图的验证

1. 基于仿真模型的能量网格图的建立

由 5.3 节可知，要建立改进后的能量网格图，就必须获取碰撞墙的撞击力和汽车变形随时间变化的曲线。通过有限元碰撞模拟仿真，可得到碰撞墙的撞击力和汽车 B 柱位移曲线图。本书中以 50 km/h 的模拟碰撞试验数据来建立改进的能量网格图，图 5.48 为仿真模拟得到的碰撞墙的撞击力曲线图和 B 柱位移曲线。

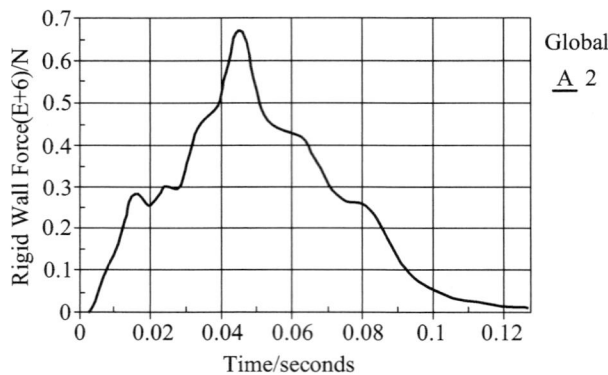

（a）刚性壁的撞击力曲线图

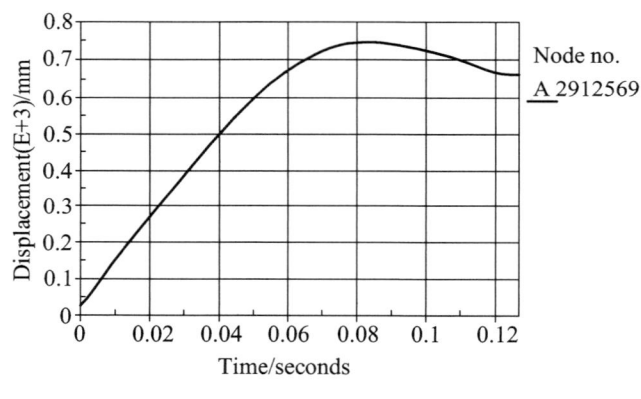

（b）B柱位移曲线图

图 5.48　刚性壁的撞击力曲线图和 B 柱位移曲线图

　　将 LS-DYNA 模拟计算后的刚性墙撞击力和 B 柱位移量数据导入到 Origin 软件中，可得到表 5.12 所示的数据。由于仿真计算时以 $2×10^{-6}$ 为时间步长，数据过于庞大，为了简化计算，表中只选取部分数据，且以 0.004 为间隔，在碰撞过程中达到 0.8s，碰撞变形达到最大变形，0.8s 后的碰撞阶段为变形恢复阶段，表中数据为碰撞 0~0.1s 的数据；在建立改进后的网格图时忽略恢复阶段的影响，只取 0~0.8s 的数据进行积分。为了保证数据的准确性，采取左右 B 柱位移数据的平均值作为汽车变形随时间变化的值。

表 5.12　50 km/h 正面碰撞的撞击力、左右 B 柱位移量

时间/s	撞击力/N	左侧 B 柱位移/mm	右侧 B 柱位移/mm
0	0	0	0
0.004	20.5	30.6	30.6
0.008	47.08	63.2	63.2
0.012	82.6	104.3	104.3
0.016	236.4	137.2	132.6
0.020	243.7	186.7	183.4
0.024	284.6	220.4	219.8
0.028	366.5	264.7	259.0
0.032	432.8	314.5	310.8
0.036	514.5	358.4	256.2
0.040	600.4	400.4	400.0
0.044	670.4	437.6	435.2
0.048	652.4	473.2	472.4
0.052	600.0	508.7	508.2
0.056	500.0	550.1	548.6
0.060	403.4	586.4	583.2
0.064	326.4	624.5	621.9
0.068	306.5	663.4	663.4
0.072	237.6	685.2	683.9
0.076	200.4	712.8	710.4
0.080	176.5	746.1	743.5
0.084	143.2	736.8	735.6
0.088	97.6	718.4	717.4
0.092	86.9	702.4	701.8
0.096	73.2	688.9	688.2
0.100	61.0	672.4	672.4

可以在 Origin 里用 C 语言编程根据公式（5-35）来计算 $F(t)$ 和 $c(t)$ 的积分以建立能量网格图，程序框图如图 5.49 所示，建立的能量网格图如图 5.50 所示。

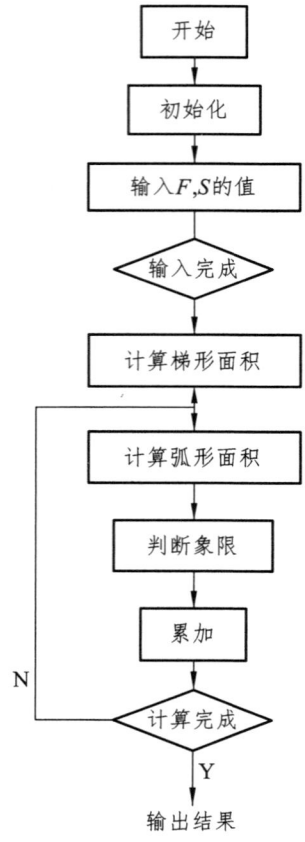

图 5.49　计算能量网格图的程序框图

6524	6524	6524	6524	6524
10658	10658	10658	10658	10658
15947	15947	15947	15947	15947
23153	23153	23153	23153	23153
29016	29016	29016	29016	29016

图 5.50　能量网格图

2. 改进的能量网格图验证

由碰撞模拟仿真结果可得到变形情况，从而得到变形能量网格变形曲线图，如图 5.51 所示。

6524	6524	6524	6524	6524
10658	10658	10658	10658	10658
10542	12864	14153	14038	12761
23153	23153	23153	23153	23153
29016	29016	29016	29016	29016

0 0.2 0.4 0.6 0.8 1.0

图 5.51　变形能量网格图

由图 5.51 可求出碰撞变形所吸收的能量 E：

$$E = 6524\times5+10658\times5+10542+12864+14153+14038+12761 \\ =150268\ \text{(J)}$$

根据能量守恒，汽车在正面碰撞实验中其动能完全转化为变形能，即

$$E=\frac{1}{2}mv^2$$

所以
$$v=\sqrt{\frac{2E}{m}}=\sqrt{\frac{2\times150268}{1\,625}}=13.6\ \text{(m/s)}=48.96\ \text{(km/h)}$$

运用模拟仿真试验获取的刚度系数对仿真变形车辆建立变形能量网格图，如图 5.52 所示，并计算碰撞前速度。

$$E=6304\times5+10289\times5+10436+11903+13124+12985+11748=143161\ \text{(J)}$$

6304	6304	6304	6304	6304
10289	10289	10289	10289	10289
10436	11903	13124	12985	11748
22362	22362	22362	22362	22362
28158	28158	28158	28158	28158

0 0.2 0.4 0.6 0.8 1.0

图 5.52 变形能量网格图

据能量守恒，汽车在正面碰撞实验中其动能完全转化为变形能，即

$$E = \frac{1}{2}mv^2$$

所示

$$v = \sqrt{\frac{2E}{m}} = \sqrt{\frac{2 \times 143161}{1625}} = 13.3 \text{ (m/s)} = 47.88 \text{ (km/h)}$$

由上面的计算得知，以模拟碰撞仿真试验获取的刚度系数建立的能量网格图计算出的碰撞速度为 47.88 km/h，与实际碰撞速度 50 km/h 的误差率为 4.4%，而以改进的能量网格图计算出的碰撞速度为 48.96 km/h，误差率为 2.1%。由此可知，改进的能量网格图对能量变形计算，更加准确，能更加准确地推算出汽车碰撞前的速度。

5.5 仿真分析及优化

案例 1

一、事故情况介绍

2012 年某月某日夜间，一辆轿车由南向北行驶，由于避让对面汽车撞向路边的大树，造成交通事故。

二、现场勘查

据现场勘查，小轿车的变形情况如图 5.53 所示，小轿车撞树前的刹车距离为 5.6 m。车型为 VW JETTA，质量为 1520 kg，轴距为 2578 mm，车宽为 1618 mm。

图 5.53 小轿车变形情况

三、仿真分析

首先，将拍摄的变形车辆的照片导入到 Image Modeler 中进行三维建模，重构后的变形车辆如图 5.54 所示。

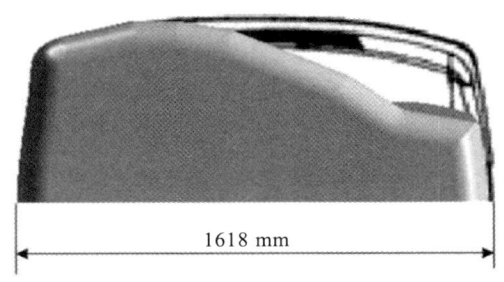

图 5.54　变形区的三维重建模型

其次，测量得到其变形量数据，如表 5.13 所示。

表 5.13　汽车变形量

编号	C_1	C_2	C_3	C_4	C_5	C_6
变形深度/m	0.014	0.036	0.074	0.112	0.145	0.167

由车辆的特性参数建立车身变形能量网格图，根据已知参数从表 5.1、5.2 中查出此车的刚度系数为 f_0=555.2 N/cm，f_1=38.5 N/cm^2。由于碰撞变形小，将其网格图再细化，在深度方向上采取每格深度为 0.1 m，总深度取为 0.5 m，其变形能量网格图如图 5.55 所示。

1647	1647	1647	1647	1647	0
3148	3148	3148	3148	3148	0.1
4972	4972	4972	4972	4972	0.2
6255	6255	6255	6255	6255	0.3
8078	8078	8078	8078	8078	0.4
					0.5

图 5.55　能量网格图

根据测量的变形量和 Image Modeler 中三维重建的变形图在变形能量网格图上描述其变形曲线，得到此车的变形能量网格图。如图 5.56 所示。

1647	210	938	1425	1647	0
3148	3148	3148	329	1682	0.1
4972	4972	4972	4972	4972	0.2
6255	6255	6255	6255	6255	0.3
8078	8078	8078	8078	8078	0.4
					0.5

图 5.56 捷达车的变形能量网格图

四、事故发生时的速度

由上图可求出事故车辆的变形能量 E：

$$E = 210 + 938 + 1425 + 329 + 1647 + 1682 = 6\,231\ (\text{J})$$

由于汽车碰撞路边的树，车辆完全停止，树可以当作刚体处理，汽车的动能完全转化为变形能，由公式 $E = \frac{1}{2}mv^2$ 可推出汽车碰撞前的速度 v_1：

$$v_1 = 2.86\ (\text{m/s}) = 10.3\ (\text{km/h})$$

碰撞前，由于轮胎与地面摩擦需要消耗一部分能量，根据摩擦做功原理可知：

$$\frac{1}{2}mv_0^2 = mg\varphi kl + \frac{1}{2}mv_1^2 = mg\varphi kl + E$$

式中，g 重力加速度；φ 为轮胎与路面的摩擦系数；k 为附着系数修正值，全轮制动时 $k=1$，当只有前轮或后轮制动时 $k=0.5$；l 为车辆滑行距离。参照 GA/T643—2006（典型交通事故形态车辆行驶速度技术鉴定）选取小轿车摩擦系数 φ 为 0.6，小轿车为后轮制动，k 取为 0.5，可以求出事故发生时的车速 $v_0 = 6.4$ m/s $= 23$ km/h。

案例 2

一、事故情况介绍

2013 年某日中午，在某十字路口，发生了一起两车相撞事故。由于十字路口为主干道与次干道交汇处，次干道过于狭窄，次干道上的 A 车超出中央分界线行驶且与刚右转过来的 B 车相撞。由十字路口的监控录像可以看出，两车以 60°的夹角发生碰撞，然后产生旋转并分离停止，其碰撞过程示意图如图 5.57 所示。

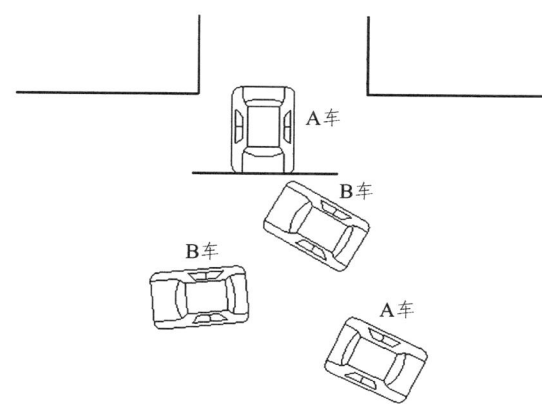

图 5.57　交通事故碰撞过程示意图

二、现场勘查及仿真分析

从交通民警处得到两车的基本参数，如表 5.14 所示，两车碰撞变形轮廓如图 5.58 所示，两车的变形测量结果如表 5.15 所示。

表 5.14　车辆相关参数表

参数	A 车	B 车
长×宽×高/mm	4 490×1 710×1 440	4 515×1 725×1 445
轴距/mm	2 535	2 600
质量/kg	1 265	1 220
撞击力矩/m	1.862	1.866

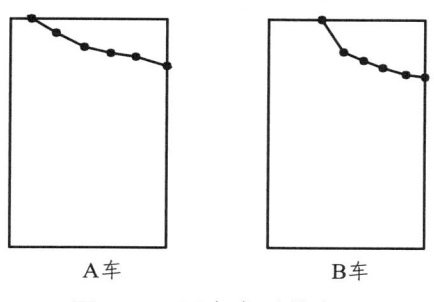

图 5.58　两车变形轮廓图

表 5.15　两车的变形量

编号		C_1	C_2	C_3	C_4	C_5	C_6
变形深度/m	A 车	0.024	0.182	0.356	0.447	0.538	0.675
	B 车	0.062	0.279	0.368	0.452	0.537	0.622

根据表 5.15，以及上面所得到的事故数据，可以分别得出两车的刚度系数：A 车的刚度系数为 f_0 = 453.6 N/cm，f_1 = 29.6 N/cm^2；B 车的刚度系数为 f_0 = 555.2 N/cm，f_1 = 38.6 N/cm^2。综合上面的数据绘制出两车的变形能量网格图 5.59。

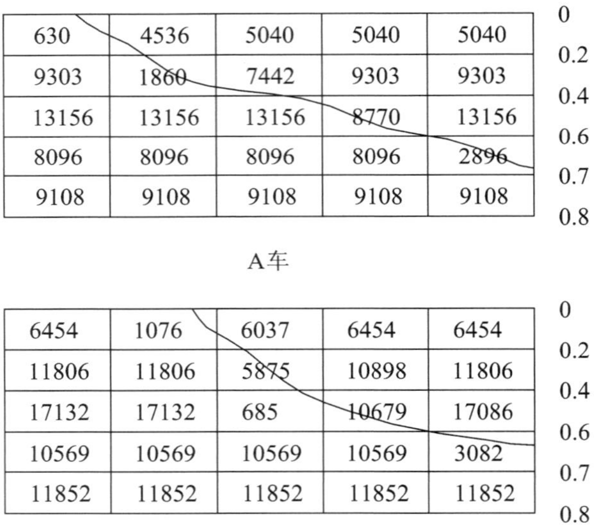

630	4536	5040	5040	5040	0
9303	1860	7442	9303	9303	0.2
13156	13156	13156	8770	13156	0.4
8096	8096	8096	8096	2896	0.6
9108	9108	9108	9108	9108	0.7
					0.8

A车

6454	1076	6037	6454	6454	0
11806	11806	5875	10898	11806	0.2
17132	17132	685	10679	17086	0.4
10569	10569	10569	10569	3082	0.6
11852	11852	11852	11852	11852	0.7
					0.8

B车

图 5.59　两车的变形能网格图

三、事故发生时的速度

根据上图可求出两车的变形能量为 E_A = 71156 J，E_B = 77273 J，碰撞过程中车辆回转，可用公式（5-35）进行求解。先求出两车的回转半径和撞击力矩，A，B 两车的回转半径分别为 1.38m、1.39m，撞击力矩分别约为 1.94 N·m，1.95 N·m，从而通过计算求得 γ_A = 0.336，γ_B = 0.337。最后求出两车的速度分别为 v_A = 23.8 m/s = 85.68 km/h，v_B = 8.09 m/s = 29.12 km/h。

四、结果对比分析

为了验证用能量网格图法对事故车辆速度求解的精确度,下面运用经验公式对这两个案例进行求解,并与能量网格图法计算出的速度进行对比。

汽车碰撞固定物的经验公式为:

$$v = 67x \tag{5-44}$$

式中,v 为碰撞速度 km/h;x 为塑性变形量 m。

对案例 1 求解可得 $v = 6.7$ m/s $= 24.12$ km/h。

斜碰撞的经验公式为:

$$\begin{cases} v_A = \left(\sqrt{2g\varphi_A k_A s_A} \cos\alpha + \dfrac{m_B}{m_A} \sqrt{2g\varphi_B k_B s_B} \sin\beta \right) \times 3.6 \\ v_B = \left(\dfrac{m_A}{m_B} \sqrt{2g\varphi_A k_A s_A} \sin\alpha + \sqrt{2g\varphi_B k_B s_B} \cos\beta \right) \times 3.6 \end{cases} \tag{5-45}$$

式中,v_A,v_B 为碰撞车辆 A 与碰撞车辆 B 的碰撞前速度(km/h);s_A,s_B 为碰撞车辆 A 与碰撞车辆 B 的轮胎摩擦痕迹距离(m);α,β 为碰撞车辆 A 与碰撞车辆 B 的旋转角度(°)。

由事故现场信息可得 $\alpha = 40°$,$\beta = 37°$,$s_A = 7.8$ m,$s_B = 5.2$ m。推出两车碰撞前的速度分别为 $v_A = 25.1$ m/s $= 90.3$ km/h,$v_B = 8.6$ m/s $= 30.96$ km/h。

同时事故处理民警根据现场信息和目击者的描述对碰撞车辆的速度进行了估算,表 5.16 为三种计算方法的速度对比表。

表 5.16 速度计算结果对比   单位:km/h

案例		基于变形能量网格法计算	经验公式	办案交警估算
案例 1	v_0	23	24.1	25
案例 2	v_A	85.68	90.36	90
	v_B	29.12	30.96	30

由表 5.16 可以看出,三种计算结果非常相近,由此可见,能量网格图在事故处理时有一定的实用性,且有一定的精确度,能对事故进行正确的鉴定分析,为事故处理提供了一种新方法。

6 基于动态显式有限元分析的再现仿真方法研究

6.1 动态显式有限元基本理论

6.1.1 非线性有限元理论基础

汽车碰撞是一个复杂的物理变化过程，是在一瞬间完成的，该过程涉及多个部件变形，同时伴随着各种接触和高速撞击。一般条件下，线性有限元分析理论可用于大多数线性小位移系统，而对于高速碰撞下的非线性变形情况来说，应该利用非线性有限元理论进行分析与研究[106-109]。

汽车碰撞属于高速度碰撞，主要有三种方法可对这一过程进行详细描述：Euler 法、Lagrange 法和 ALE 法。其中，Euler 法主要研究各时刻质点在流场中的变化规律，一般不用于固体力学分析。而 ALE 法是 Noh 和 Hirt 为了解决拉格朗日描述和欧拉描述这两者的缺点提出来的；后来，Hughes、Liu 和 Belytschko 将 ALE 法应用到有限元中来，它能很好地应用于自由液面的流动和固体材料间，可以很好地描述汽车碰撞，但是其理论算法复杂，难以应用于工程实践中。目前，Lagrange 法是用于汽车碰撞最好的方法[110]。

1. 运动方程

图 6.1 是简化后的空间物体的变形[110]。在笛卡尔坐标系中，当物体 b 的任一点 X_i (i = 1, 2, 3)运动到点 x_j (j = 1, 2, 3)时，根据 Lagrange 公式，可用坐标 X_i 和时间 t 来表示物体的变形。

$$x_j = x_j(X_i, t), \quad j = 1, 2, 3 \qquad (6\text{-}1)$$

当 $t = 0$ 时，有初始条件：

$$\begin{cases} x_j(X_i,0) = X_i \\ x'_j(X_i,0) = v_j(X_i) \end{cases} \quad (6-2)$$

式中，v_j 指初始速度。

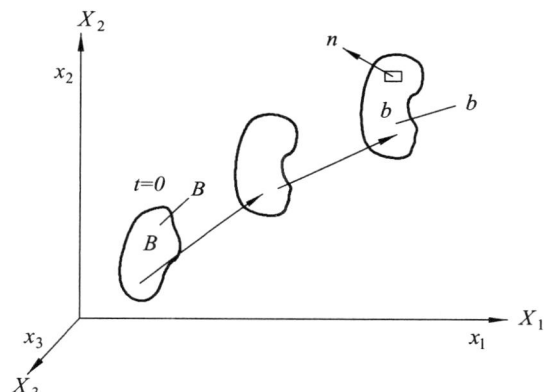

图 6.1　空间物体的变形

2. 动量守恒方程

根据动量守恒定律，有：

$$\sigma_{ij,j} + \rho f_i = \rho x''_i \quad (6-3)$$

式（6-3）的解在边界 ∂b_1 满足应力边界条件：

$$\sigma_{ij} n_i = t_i(t) \quad (6-4)$$

在边界 ∂b_2 满足位移边界条件：

$$x_i(X_\alpha, t) = D_i(t) \quad (6-5)$$

当 $x_i^+ = x_i^-$ 时，该点沿内边界 ∂b_3 还满足接触连续条件：

$$(\sigma_{ij}^+ - \sigma_{ij}^-) n_i = 0 \quad (6-6)$$

以上各式中，σ_{ij} 为柯西应力；ρ 为材料密度；f_i 为单位质量力；x'' 为加速度；n_i 为边界 ∂b_3 上该点对应的单位外法线。

3. 质量守恒方程

根据质量守恒定律，有：

$$\rho = J\rho_0 \tag{6-7}$$

式中，ρ 为目前时刻质量密度；ρ_0 为起初时刻质量密度；J 为 Jacobi 矩阵 $F_{ij} = \dfrac{\partial x_i}{\partial X_j}$ 的行列式值[1111]。

4. 能量守恒方程

根据能量守恒定律，有：

$$\dot{E} = VS_{ij}\dot{\varepsilon}_{ij} - (p+q)\dot{v} \tag{6-8}$$

式中，$\dot{E}$ 为现时构形的能量；V 为现时构形的体积；S_{ij} 为偏应力张量（Tensor）；$\dot{\varepsilon}_{ij}$ 为应变率张量（Tensor）；p 为压力；q 为体积黏性阻力。

$$S_{ij} = \sigma_{ij} + (p+q)\delta_{ij} \tag{6-9}$$

式中，δ_{ij} 是 Kronecker 积系数，$\delta_{ij} = \begin{cases} 1 & (i=j) \\ 0 & (i \neq j) \end{cases}$。

$$p = -\frac{1}{3}\sigma_{ij}\delta_{ij} - q = -\frac{1}{3}\sigma_{kk} - q \tag{6-10}$$

5. 边界条件

真实的碰撞变形的边界条件包括位移、表面（Surface）力和接触条件。

（1）表面（Surface）力边界条件：

$$\sigma_{ij}n_j = t_i(t)，在 S^1 表面（Surface）力边界上$$

式中，n_j ($j=1, 2, 3$) 为当前时刻的结构形状边界 S^1 外法线方向余弦；t_i ($i=1, 2, 3$) 为表面（Surface）载荷。

（2）位置边界条件：

$$x_i(X_\alpha, t) = K_i(t)，在 S^2 位移边界上$$

式中，$K_i(t)$ ($i=1,2,3$) 指设定好的位移函数；X_α ($\alpha=1,2,3$) 为 $t=0$ 时的位移。

6.1.2 显式中心差分法和时间步长控制

时间步长为每一步有限元积分的时间长度。在每个时间步长的时间节点内，显示积分都要进行一段循环运算，该计算过程如图 6.2 所示[112]。

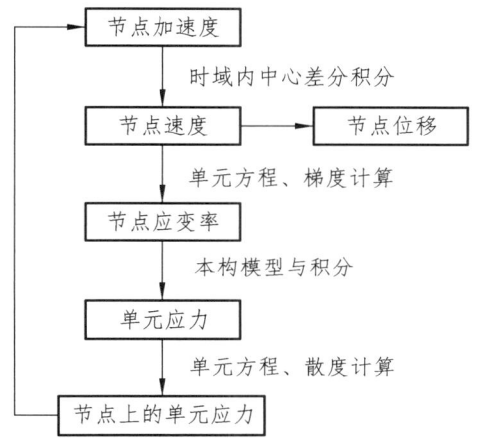

图 6.2 显式积分运算过程

对汽车进行碰撞分析的有限元模型的网格和节点众多，与此同时，该过程也是一个多种因素影响的非线性过程，而显式积分算法的一个优点就是计算时间较短。本研究中采用的显示动力分析软件 LS-DYNA 所使用的时间积分为显式中心差分法。

在显式中心差分法中，节点位移与速度的计算公式分别为

$$d^{\frac{n+1}{2}} = d^n + V^{\frac{n+1}{2}} \Delta t^{\frac{n+1}{2}} \qquad (6-11)$$

$$V^{\frac{n+1}{2}} = V^{\frac{n-1}{2}} + a^n \Delta t^n \qquad (6-12)$$

在式（6-11）和式（6-12）中，有：

$$\Delta t^{\frac{n+1}{2}} = \frac{\Delta t^n + \Delta t^{n+1}}{2} \qquad (6-13)$$

式中，d, V 分别为节点位移和速度；Δt 为时间步长，其计算公式为：

$$\Delta t \leqslant \frac{L_e}{C_e} \quad (6\text{-}14)$$

式中，L_e 为单元 e 内两节点间的最短距离，通常情况下用最短边长或对角线来代替；C_e 为单元 e 中波的速度。

时间长度的大小对显式中心差分法计算的稳定性产生直接影响，若积分时步长大于 $\dfrac{2\left(\sqrt{1+\xi^2}-\xi\right)}{w_{\max}}$，则导致计算过程不稳定，精度降低，其中，$\xi$ 为系统阻尼系数与临界阻尼系数的比值；$w_{\max}$ 为系统本身的最大自然频率。

不同类型的临界时间步长采用不同的算法，而在汽车碰撞护栏模型中，板壳单元是单元类型中应用较多的单元，而板壳单元的最大稳定时间步长为：

$$\Delta t = \frac{L_s}{c} \quad (6\text{-}15)$$

$$c = \sqrt{\frac{E}{\rho(1-v^2)}} \quad (6\text{-}16)$$

式（6-15）式和（6-16）中，L_s 为单元的特征长度（Characteristic Length）；c 为声音在材料中的传播速度；ρ 为材料密度；E 为体积模量；v 为横向变形系数。

6.1.3 有限元分析的非线性设置

在车辆碰撞护栏的过程中，大多数情况下会出现以下三种非线性问题：几何非线性、材料非线性和接触非线性[106-109]。

（1）几何非线性：汽车碰撞是变形较大的运动，在碰撞过程中，应变和位移是非线性的一种关系，此时，静力学理论就不适用于目前的应变与位移分析。

（2）材料非线性：材料的非线性定义指应力和应变的函数关系是曲线、曲面或不确定属性，是不成简单比例关系的。汽车在碰撞过程中瞬间就能产生巨大的冲击力，超过材料的屈服应力的最大值，材料也因此会发生塑性变形。一般情况下的弹性变形，应力和应变的变化情况是线性的，但是当变形超过其屈服极限时，应力和应变就处于非线性状态。此时对其进行分析就要用到塑性变两大法则，即屈服法则与流动法则。

（3）接触非线性：接触非线性通常称为边界非线性，在汽车碰撞仿真分析过程中，若边界条件变化，就会发生接触非线性，因为在汽车碰撞过程中，边界条件是非常不连续的。在进行汽车碰撞模拟时，响应会在很短的时间内发生很大的变化，因此，在模拟中要考虑接触非线性问题。

6.1.4 有限元分析的沙漏控制

沙漏（Hourglassing）模式是一种非物理的能量为零的变形模式，在该模式下出现零应变和应力。沙漏模式仅发生在减缩体、壳和厚度单元上。为节省仿真模拟计算时间，提高计算效率，大部分积分计算时使用了局部积分法。采用局部积分法有可能出现沙漏，当沙漏达到一定程度时将导致碰撞仿真模型能量不平衡，并且导致计算结果失真或失效，所以对沙漏进行控制很有必要。

在有限元仿真模拟中，LS-DYNA 软件应用单点 Gaussian 积分单元进行碰撞仿真，能较好地提高计算效率，也便于大变形分析，并且在计算过程能保证其稳定性，但单点积分可能引起计算机仿真模型产生零能模式（Zero-energy Mode），或称为沙漏现象（Hourglassing Mode）。沙漏是一种比整个结构响应高很多的频率震荡的零能变形模式，原因是单元刚度的秩不足，产生这些现象的原因是积分点太少。沙漏现象将产生一种在数学模型上是合理的，但物理模型无法达到的状态。沙漏模式有一种特点是震荡特性，但其震荡的周期比整体结构震荡的周期要小，也就是说，沙漏是数值计算产生的特性，而不是结构本身所具有的特性[113]。沙漏的基本特征表现有如下两种：一是系统没有刚度；二是变形呈现锯齿形网格（见图 6.3）。在分析过程中出现沙漏变形会使结果不可信，应该克服这种现象发生的可能性。如果整体分析中沙漏能量达到变形总体能量的 10%，那么分析结果可能就不可信；如果要求再严格一些，5%的沙漏能量也是不可信的。因此，需要严格控制沙漏现象的发生。

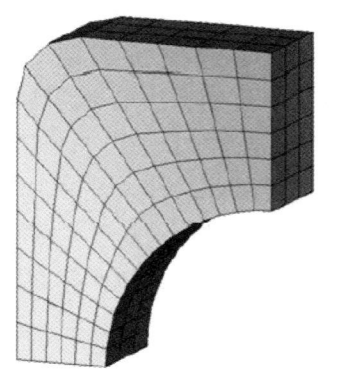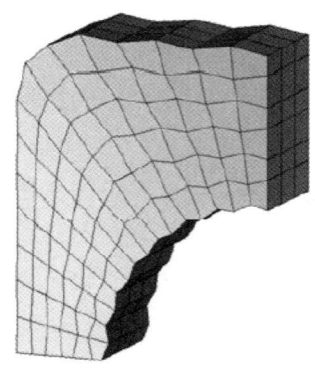

图 6.3　沙漏变形

良好的有限元模型对控制沙漏现象具有很好的效果。因此，运用有限元建模时，划分网格需要使用同一单元类型，这对于需要施加载荷的模型来讲，不能将载荷加载在有限元网格的某一个节点上，而是应该将其设定在有限元网格多个相邻的节点上，原因是如果加载处的某个单元出现了沙漏现象，其相邻的单元也会受到影响，并有可能产生沙漏现象。此外，采用更小的网格能够减少沙漏现象出现的比例。

LS-DYNA 在程序中提供了许多控制沙漏现象发生的方法，这些方法的中心点主要集中在以下两个方面：（1）增加有限元模型的刚度来减少沙漏现象的出现，但不能对有限元模型的变形造成影响；（2）降低沙漏的生长速率。

减少沙漏现象产生的方法主要有以下几种：

方法一：在总量上调整模型可以降低 Hourglassing 黏度，推荐使用快速变形（比如冲击波），以减少沙漏现象的发生。人工体积黏性的应力波处理可能是其中一个方法，即在碰撞的瞬时大变形过程中，应力波产生于内部结构、地层压力、密度、粒子加速和能源。为提高仿真计算过程的稳定性，增加人工体积黏性，如此强烈的应力波可间歇性控制在一个相当狭小的区域内快速变化。由于沙漏是整体结构比率更高的振动频率，改变模型的体积黏度可以减少沙漏变形。

方法二：在整体上通过额外的刚度或黏滞阻尼来控制问题的发生。建议用黏度公式（缺省）来处理速度较大的碰撞问题，而利用刚度公式处理速度较慢的碰撞问题。

方法三：为了防止由于附加刚度模型的整体刚度增加太大，不能设置额外的整体刚度或黏度，可通过 HyperMesh 软件中的关键字对超过沙漏允许范围内的部分进行相关设置，参数设置与总体设置相同。

方法四：使用全积分单元。因为沙漏是一个单点集成的结果，因此，使用相应的完整集成单元就可以控制沙漏，也就不会产生沙漏现象，但对于大变形模式来讲显得过于死板。

其实还有许多方式方法可以减少沙漏现象的发生，如有限元网格细化、杜绝在一个节点上施加载荷、在可能产生沙漏的地方设置一些全积分，等等，这些都可以减少沙漏现象的发生。

6.1.5 有限元分析的接触问题处理

在有限元的仿真分析过程中，接触问题处理是衡量模型建立得好坏的一个重要标准。在有限元模型中，需要对相邻结构定义相互接触，否则在计算中将可能出现穿透现象。LS-DYNA 中有多达 40 种型号的接触处理方式。之所以有这么多的接触类型，一是一些型号的接触是应用于特殊类型的模型，二是由于有一些老的接触类型和定义接触参数对于有限元分析来说是至关重要的。LS-DYNA 软件中处理接触问题的算法有如下几种：动态约束法、分配参数法、对称罚函数法（缺省方法）[113]。

（1）动态约束法是应用较早的一种接触算法，1962 年开始在仿真计算软件 LS-DYNA 的程序中应用。其原理是：在每一时间步长 Δt 修正构形之前，搜索所有未与主面（Master Surface）接触的从节点（Slave Node），看是否在此 Δt 内穿透了主面。如果有此情况出现，则需要缩小时间步长 Δt，使那些穿透主面的从节点都不贯穿主面，而使其正好到达主面。在计算下一 Δt 之前，对所有已经与主面接触的从节点都施加约束条件，以保持从节点与主面接触而不贯穿。此外，还应检查那些和主面接触的从节点所属单元是否受到拉应力作用。如受到拉应力作用，则施加释放条件，以使从节点脱离主面。

（2）分配参数法主要用于处理没有完全分离的相对滑动问题，比如爆炸性气体压力结构。其原理是：积极与每个分配到上半部分的主要质量表面积联系，并确定每个角度的压力分布的质量接收面积，确定主要单位来自内部压力。同时根据接触的从单元的内应力确定主面面积上的分布压力，然后设置压力布置，利用加速度校正其主表面，然后利用加速度和速度约束从表面和节点，以保证从节点在主面上滑动，不允许从节点穿透主表面，从而避免反弹现象发生。一般是禁止从节点穿透主表面，为阻止该情况出现，这种方法主要应用在滑动接触上。

（3）对称罚函数法是 LS-DYNA 软件中使用较早的一种算法，1982年开始在仿真计算软件 LS-DYNA 的程序中应用。其原理是：各个时间步长都需要检查每个节点有没有穿透主表面，对没有出现上述情况的不做任何处理，如果有上述情况出现，则要在从节点与主表面间和主节点与表面间设置一个接触力，接触力的大小与接触刚度等成正比，称为罚函数值。其作用就是相当于在穿透方向的反方向上施加力来克服穿透的发生。

接触力由下面公式计算：

$$F = K\delta \tag{6-17}$$

式中，K 为接触界面刚度；δ 为穿透量。

接触刚度 K 与单元类型有关，计算公式为：

$$实体单元：K = \frac{f \times 表面积^2 \times k}{体积}$$

$$壳单元：K = \frac{f \times 面积 \times k}{最小对角线}$$

式中，f 为罚因子，缺省值为 0.01；k 为应力和应变正比例系数；面积指接触片的面积。

对称罚函数方法原理简单，编程容易，很少激起沙漏效应，没有数值噪声，且算法的动量守恒准确，所以，在 LS-DYNA 仿真计算软件中得到了广泛应用。

6.1.6 建模和有限元分析相关软件简介

（1）SolidWorks 软件简介：SolidWorks 公司的业务主要是软件开发和设计，1993 年成立于美国，公司总部设在美国的康克尔郡，是由 PTC 和 CV 公司出资建立起来的。该公司的宗旨是让每一位用户都能在自己的计算机上使用功能强大的 CAD/CAE/CAM/PDM 系统。从 1995 年推出第一套 SolidWorks 三维机械设计软件至今，该公司已在全球从事机械设计的公司中风靡开来，并多次获得机械设计类大奖，奖项已达十多项，得到了业界的一致好评。

SolidWorks 软件具有应用简便、界面清晰和简单易学等特点，极大地提高了工程设计速率，远超过其他设计软件，迅速占领了一定的市场。目前，SolidWorks 在设计开发方面得到了极大提高，拥有很好的简便性，对机械设计和大机械结构装配有较大的优势，而且针对中国市场专门开发了相应标准的模块。SolidWorks 成为全球应用最广泛的软件，同时也是最好用的软件。资料显示，SolidWorks 已经应用到各行各业中，其软件许可证已累计发放 28 万[114]个。

（2）HyperMesh 软件简介：Altair 公司于 1985 年靠工程咨询起家，在 1989 年发布了 HyperMesh 软件，并很快在汽车业得到广泛认同，从此也激发了 Altair 在软件投入方面的热情。Altair 公司在 1994 年推出了分析模块 OptiStruct，立即得到业界的好评。在之后的许多年，该公司通过兼并收购了一系列仿真软件公司，并整合到 HyperWorks 软件中。在 2006 年，Altair 公司自收购了 RADIOSS 软件后，使 HyperWorks 形成了完整的设计与分析模块。

HyperMesh 是 HyperWorks 中的一个建模模块，它是有限元分析的前处理模块，拥有简便、高效等特点，能够帮助用户建立系数清晰、网格精度高的有限元模型。而且能够与其他机械设计软件相互衔接，以提高工程设计分析效率。

HyperMesh 拥有强大的有限元建模能力，能根据企业要求设计出更合理的有限元模块；其网格划分能力一流，是其他有限元分析软件所不能比拟的。HyperMesh 有很多自动化有限元建模模块，比如自动网格划分、多种材料类型设定以及丰富的单元类型，能够极大地提高前处理的效率。HyperMesh 能够很好地从有限元模型逆向生成几何模型，并且还有很多自定义的工程设计功能。

（3）LS-DYNA 软件简介：LS-DYNA 软件是比较早的仿真计算软件。1976 年，J O Hallquist 博士在美国劳伦斯利弗莫尔国家实验室开发设计了这款软件，当时开发的初衷主要是军用武器的设计研发。在 1988 年后，J O Hallquist 博士把 LS-DYNA 软件进行商业化运作，同时添加了很多模拟仿真模块，使 LS-DYNA 迅速在民用领域打开了市场。它主要是应用 Lagrange 等算法来对有限元模型进行计算，主要以结构分析为主[115]。

LS-DYNA 具有丰富的单元库、单元类型以及 ALE、Euler、Lagrange 算法。它可应用于多种结构和流体耦合等问题的处理分析，并作为有限元求解器在机械设计开发等领域有着广泛的应用，也是目前仿真碰撞分析领域的主要工具之一。

6.2 厢式货车与 W 型护栏有限元模型的建立

6.2.1 W 型护栏有限元模型建立

波形梁护栏（Corrugated Beam Barrier）是高速公路护栏的一种类型，它主要由立柱、防阻块和波形梁板构成，其中，防阻块通过螺栓将立柱和波形梁板连接起来，而立柱安装在土基上。这种护栏安全简便，碰撞后吸能效果好，有较好的安全防护能力。它主要是利用波形梁护栏中各构件的变形来吸能，同时防止车辆偏离正常的行驶道路，保护乘员的人身安全，把事故造成的损失降到最低。波形梁护栏强度不是很高，一方面是为了保护乘员的安全，另一方面是碰撞后吸能。波形梁护栏可以在多种路段设置，并且安装简便，容易更换，所以波形梁护栏是我国公路设施的重要组成部分，对其进行仿真碰撞研究具有重要的价值。

波形防护栏型号有多种，主要有高速路侧护栏、高速中央护栏、省道护栏等，高速公路路侧波形防护栏分类如表 6.1 所示。

表 6.1　波形梁护栏分类

安装位置	防撞等级	构造特征	埋置方式	立柱标准中心间距/m	护栏代号
路侧	A	无防阻块	土中	4.0	Gr-A-E
		有防阻块			Grb-A-E
		无防阻块	混凝土中	4.0	Gr-A-B
		有防阻块			Grb-A-B
	B	无防阻块	土中	2.0	Gr-S-E
		有防阻块			Grb-S-E
		无防阻块	混凝土中	2.0	Gr-S-B
		有防阻块			Grb-S-B

本书的波形防护栏是 Grb-A-E。由于波形护栏的波形梁截面是 W 型，所以人们形象地称它为 W 型波形梁护栏，以下也可简称 W 型护栏。W 型护栏是以 Q235 国标带钢筋波形板压制而成的。W 型的波形梁板为主要防护部件，连接 Q235 钢管及其配件组合成防护栏。W 型护栏是波形梁护栏的主要代表形式，它利用 W 型波形梁板、防阻块以及立柱的变形来吸收车辆碰撞能量使车辆回到正确行驶方向上，防止车辆冲出高速公路，以保护车辆和车内人员安全，降低事故所造成的损失。建立的护栏模型共有 4 跨，每跨 4 米。

W 型护栏模型的整体结构如图 6.4 所示。

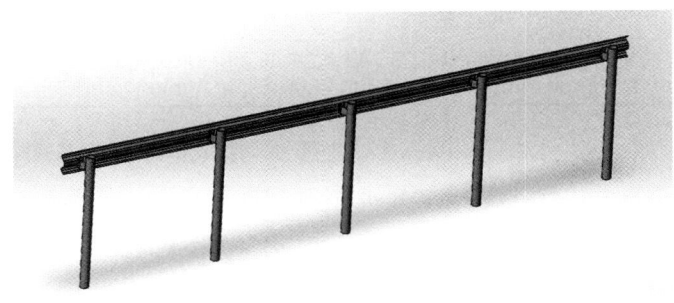

图 6.4　W 型护栏整体结构图

1. 建立 W 型波形梁板的有限元模型

W 型波形梁板可以看作安装在立柱上的弹性梁[116]，是碰撞过程中的主要吸能部分。失控车辆碰撞护栏后，护栏发生弹塑性变形，同时车辆将会沿着护栏方向运动一段时间，驶离碰撞初始点[117]。在碰撞过程中，W 型护栏的各构件共同承受碰撞车辆的冲击力，W 型波形梁板是主要的吸能部件，而防阻块主要是增加立柱与碰撞车辆的距离，防止发生绊阻现象。在实际碰撞过程中，W 型波形梁板间一般不会发生连接失效，所以在仿真分析中，为了建模简便，我们把 W 型波形梁板设计成整体构形[118,119,120]。本章也把 W 型波形梁板各段等效成一根波形梁梁板来处理。根据 JT/T 281—2007 建立的 W 型护栏板形状如图 6.5 所示，几何尺寸如表 6.2 所示。

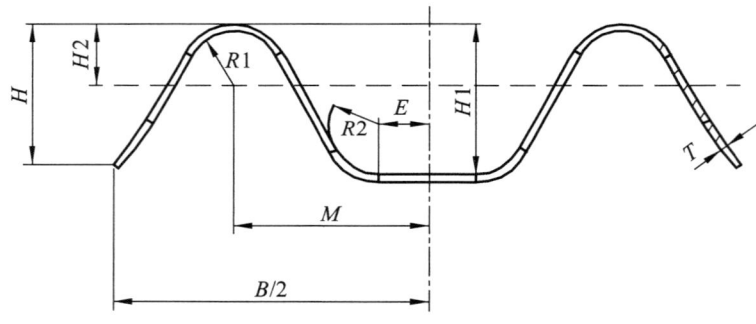

图 6.5 W 型护栏板断面图

表 6.2 W 型护栏板断面几何尺寸

代号	B	M	H	H_1	H_2	E	R_1	R_2	R_3	T	α	β	θ
尺寸	310 /mm	96 /mm	85 /mm	83 /mm	39 /mm	14 /mm	24 /mm	24 /mm	10 /mm	4.5 /mm	55°	55°	10°

通过三维建模软件 SolidWorks 建立 W 型波形梁板的几何模型，再将之转换成 STP 格式导入 HyperMesh 中对其进行有限元网格划分。W 型护栏板的有限元局部视图如图 6.6 所示，壳单元的材料模型使用 Belytschko-TsayS 算法，它最快速地显示了动力学壳单元[115]。

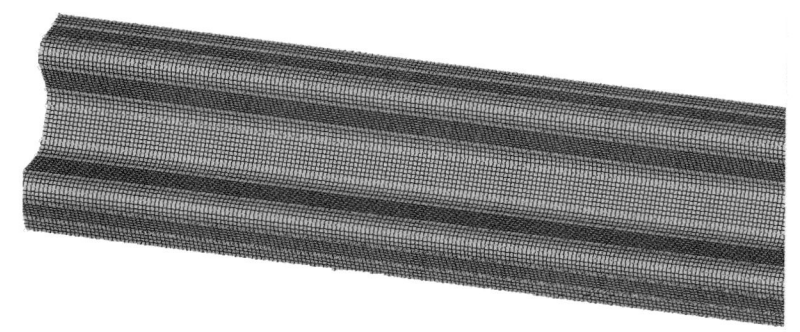

图 6.6　W 型护栏板有限元模型局部视图

为了在满足塑性变形的同时提高计算速度，沿厚度方向的单元积分点 NINT 设置为 2。根据 JTT 281—2007 对 W 型护栏材料的要求，W 型护栏各构件均使用碳素结构钢，其强度必须达到 Q235 刚的强度要求（参考 GB/T 700）。在 HyperMesh 软件中，Materials 模块有三百多种材料类型，为方便定义和编辑，这些材料类型在 HyperMesh 中主要由 MAT 系列定义。在有限元分析中，应用较多的是 MAT24 和 MAT20 等材料类型，其中，MAT24 能够发生弹塑性变形，而 MAT20 是无法产生变形的刚性体材料类型。而车辆与护栏发生碰撞后是发生变形的，所以 W 型波形梁板在 HyperMesh 中应用的是 MAT24 材料类型[115]，其应力应变是从美国的国家著作权咨询委员会（American National Standards Institute，ANSI）获得的[121]。材料参数如表 6.3 所示。

表 6.3　波形梁板材料参数

材料类型	MAT24
单元类型	Shell
密度	7 850 kg/m^3
弹性模量	206GP
泊松比	0.3
屈服应力	0.21GP

2. 建立立柱的有限元模型

根据国内护栏设计行业标准，建立护栏构件的立柱的长度为 1850 mm，埋入地下部分为 750mm，其余部分都在地面上；立柱的直径为 140mm，厚度为 4.5mm。立柱的尺寸如表 6.4 所示。立柱的有限元网格模型如图 6.7 所示。立柱模型网格划分采用的是四边形壳单元，单元厚度的积分点 NIP 数值设置为 3，立柱材料也是 Q235 碳素钢，所以采用和波形梁板相同的可变形材料模型（MAT24）。

表 6.4　立柱尺寸参数

长度	1 850 mm
直径	140 mm
壁厚	4.5 mm

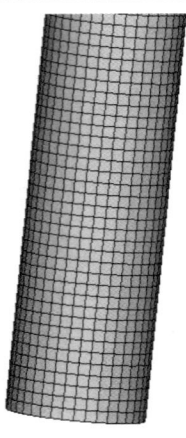

图 6.7　立柱有限元模型局部视图

3. 建立防阻块的有限元模型

防阻块是 W 型护栏波形梁板与立柱之间的连接件。车辆碰撞护栏时，当防阻块的变形超出其塑性变形范围时，W 型波形梁板与防阻块的连接件就因作用力过大而失效，防阻块能吸收一部分碰撞能量，同时，它也有效地防止车辆发生绊阻现象，减少乘员受到伤害。防阻块还能将碰撞后的能量分配到更多的波形梁板上，这样就能加强整个 W 型波形梁板的强度。防阻块在结构上有其特别的作用，能很好地加强护栏的强度。

防阻块的几何尺寸是与波形梁板以及立柱相对应的，其几何尺寸如表 6.5 所示，断面图如图 6.8 所示。通过 HyperMesh 对其进行有限元网格划分,得到有限元仿真模型,有限元模型如图 6.9 所示。对防阻块进行网格划分时采用的是四边形壳单元,并定义防阻块的 NIP 值为 3,防阻块采用的材料类型为 MAT24,与 W 型波形梁板是一致的。

表 6.5 防阻块几何尺寸

代号	a	h	B	c	T	Φ	R_1	R_2
尺寸/mm	178	200	89	102	4.5	60	36	70

注:与 Φ140 钢管立柱配合使用。

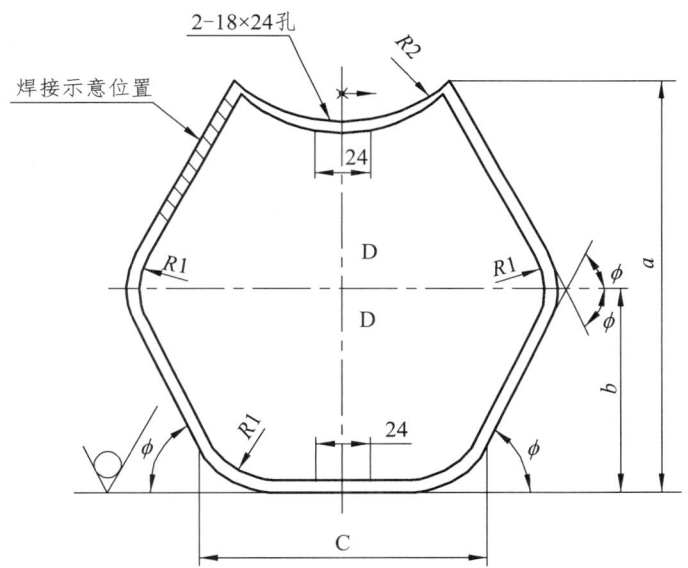

图 6.8 防阻块断面图

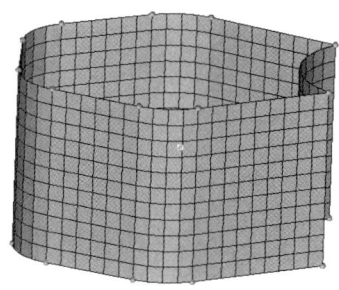

图 6.9 防阻块有限元模型

4. 护栏有限元模型组件之间的连接

W 型护栏的各个构件之间是通过高强度螺栓连接起来的，它将碰撞能量分配到更多的立柱和波形梁上，使 W 型波形梁板能够承受更多的碰撞冲击。各个构件间的高强度螺栓主要有以下两种方式：共节点连接和焊点模拟[122]。

当车辆偏离正常行驶道路碰撞护栏时，可能会导致各个构件之间的高强度螺栓发生断裂失效。如果采用共节点连接方式来模拟，在碰撞仿真模拟时，W 型波形梁板无法从立柱上脱落，各个构件将始终连接在一起，这种情况与实际是不相符的，而且会使整个波形梁护栏的刚度加大，无法达到理想效果。

因此，使用 HyperMesh 中考虑失效准则的焊点模拟 W 型波形梁板、防阻块、立柱之间的螺栓连接。为了能够准确地模拟仿真过程，应设置焊点单元的失效应力，使防阻块以及 W 型波形梁板在仿真碰撞中能够从立柱上脱落，这相当于实际情况下高强度螺栓失去效力，焊点单元的理论公式可以表示为：

$$\left(\frac{|f_n|}{s_n}\right)^m + \left(\frac{|f_s|}{s_s}\right)^n \geqslant 1 \qquad (6\text{-}18)$$

式中，f_n 指焊点单元能够承受的轴向极限拉力，而 f_s 指焊点单元能够承受的极限剪切力；s_n 表示焊点单元所能承受的拉力，而 s_s 表示焊点单元所能承受的剪切力；n 是指法向指数，m 是指剪切指数，两者取值通常都为 2。

高速公路安全设施的相关准则中规定螺栓螺母等部件所用的金属材料是碳素结构钢，其应力等级为 GB/T 3098.1 规定的 4.6 级。根据相关数据分析计算，其极限拉力为 70 kN。

5. 立柱与土基的相互作用

W 型护栏是安装在土基上的，在车辆碰撞过程中，其与土基的受力以及变化十分复杂。目前，相关的研究者对这两者的模拟仿真方法主要有：

（1）直接建立土基实体模型。

建立土基的简单模型时，可通过设置圆柱实体模拟土基，并施加类似于土基的约束条件，如土基密度等相关参数条件。同时，模拟出立柱与土基之间的接触，利用接触算法定义两者之间的关系[123]，如图6.10所示。

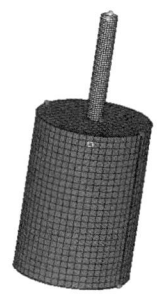

图 6.10　土基实体模型

（2）利用非线性弹性弹簧模拟立柱与土基的相互作用。

汽车在碰撞护栏的过程中，立柱与土基间相互作用，立柱发生弯曲变形，土基发生非弹性变形；立柱各个部位的变形情况都不一样，从下往上是依次递增的过程，在立柱变形量为零处设置非线性弹簧，利用它来模拟相关作用。该方法设置非线性弹簧的刚度曲线，如图6.11所示。

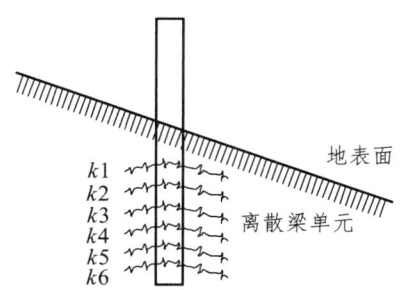

图 6.11　非线性弹簧模拟立柱与土基相互作用

（3）立柱下端400 mm施加全约束。

国外研究机构对在碰撞过程中立柱与土基的相互作用进行了相关研究。其研究结果表明：在碰撞过程中，立柱始终在其埋入土基以下的400 mm处发生弯曲，而与立柱大小以及土基类型等其他因素无关。所以，在仿真模拟过程中，可以在立柱的400 mm处设置全约束[124]。

高速公路安全防护设施中护栏要发挥防护作用，各国都对其安装设置做了相关规定。目前，我国的相关细则要求护栏最短长度要达到 70 m。车辆与护栏发生碰撞时，碰撞过程中护栏受影响跨数可达 12 跨，所以，在有限元建模过程中，我们需要设置护栏的最小跨数，一般设置为 4~9 跨，这种情况才是最好的护栏碰撞有限元模型。在车辆碰撞护栏模拟仿真中，第一种模拟土基与立柱的方法是最好的方法，其变形过程与实际情况更接近，但在有限元建模过程中，模型建立过程烦琐，且计算分析时间更长，影响工程实践效率。使用第二种方法模拟土基与立柱的相互作用，虽然求解过程不长，但其刚度特性曲线难以确定，所以较少采用。使用第三种方法模拟土基与立柱的关系，虽然无法完全呈现实际情况，但也充分展示了立柱与土基的作用关系，而且工程仿真时间更短，成本进一步降低。因此，采用在立柱的 400 mm 处加载全约束来模拟立柱与土基的作用关系，如图 6.12 所示。

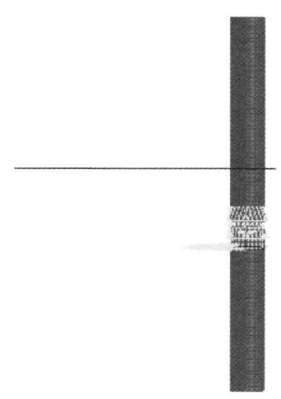

图 6.12　地表下 400 mm 施加全约束

6.2.2　厢式货车有限元模型建立

《公路护栏安全性能评价标准》（JTG B05-01—2013）是 2013 年由中华人民共和国交通运输部批准实施的护栏评价标准，是目前评价公路护栏的最新标准。标准中规定：高速公路护栏各段的安全性能评价应采用小型客车对护栏的三个功能进行评价，分别是缓冲功能、导向功能和阻挡功能。而关于特大型客货车的护栏评价也是评价这三个功能，但其冲击能量大，能更好地检测护栏的安全防护性能，同时由于物流业的飞速发展，高速公路有近 $\frac{1}{3}$ 的是厢式货车，所以，采用 10 t 厢式货车来对 W 型波形梁护栏的安全性能进行检测。

在有限元仿真模拟中，有限元模型的好坏直接关系到仿真结果的可靠度，所以，建立正确的模型是仿真模拟中最重要的一步。建立车辆的有限元模型有两种方法：一种是直接在有限元软件中建模，另一种是将车辆的三维结构模型转成中间格式，再将之导入到有限元软件中进行网格划分等。下面采用第二种方法来建模。整车模型是某汽车公司的厢式货车，对厢式货车有限元建模的部分过程阐述如下。

1. 整车几何模型简化处理

为了提高工程效率，对模型进行简化很有必要，这主要是为了减少仿真计算周期，所以，在建立整车有限元模型时要对其中的一些部件及其连接关系进行必要的简化处理。进行简化是按照以下原则进行的[115]：

（1）简化处理后要能够正确地反映各部件的特征以及它们之间的运动与运动关系。

（2）在不影响真实力学响应关系的条件下，应该尽可能多地使用 SHELL 单元，少用 SOLID 单元。

（3）可采用一维弹簧、阻尼和铰链等来替代对正面碰撞影响较小的部件，甚至当影响微乎其微时，可以将这些小的部件省略。

（4）对于车辆与护栏碰撞过程中几乎没有影响的构件，如发动机、变速箱等可以直接用刚性单元代替，这是为了保持其形状基本不改变以及它们与周围的零部件的接触和碰撞的真实情况，在对其划分网格时应用它的表面网格来替代整个部件。

为了网格划分的简便，在不影响车身性能的前提下对本研究中所使用的整车模型进行如下的简化处理[125]：

（1）孔：对一些不影响计算且直径较小的孔可以忽略。

（2）圆角：如果圆角半径小于 5 mm，考虑其对碰撞结果的影响可以设定为直角。

（3）凸台：当凸台的高度和边长均小于 5 mm 时，可以直接忽略不计。

（4）凸缘：当凸缘较小时，比如其宽度不大于 6 mm，可以直接忽略不计。

（5）小面（线）：对于比较小的面或线，可以在网格划分时进行合并处理，这样可以提高网格划分质量。

2. 整车有限元网格清理

将 CAD 模型导入到有限元软件后，首先要对模型进行简化，之后再对网格进行优化，以提高计算效率。比如，减少不必要的曲线或曲面，对一些缺失的面或线进行修复等。为了得到质量较高的有限元网格，还需要对网格进行拓扑改进，同时也需要对网格进行重新分布和细化。

将其在 SolidWorks 中建立的车身数据转换为 STP 格式，然后导入到 CAE 分析软件的前处理模块 HyperMesh 中进行几何清理、抽取中面并划分有限元网格单元，其中，中面抽取在 HyperMesh 的 Geom 页面中单击"midsurface"按钮即可自动完成。

进行几何清理的原因主要有以下两点：

（1）导入到 HyperMesh 中的几何模型包含很多的细微特征，这些结构在进行有限元分析时基本上对碰撞结果不会产生影响，但是大量的细微特征大大增加了计算量，影响了计算效率。

（2）导入的几何模型常常会有曲面重叠、曲面丢失以及边界错位等，这都会影响到网格的质量，从而影响计算结果的准确性。

由于上述原因，在抽取中面之前要先对几何模型进行清理。在 HyperMesh 软件中，对几何模型进行清理的主要方法是通过 Geom 页面菜单进行处理，里面有几个清理模块，比如 Defeature 和 Quick edit 等。其中，Quick edit 是应用最为频繁的，可以对面进行创建和删除，同时也可以对面与面进行合并。在对整车模型进行几何清理的过程中，孔洞与倒角按照以下方式进行：（1）除去安装的受力孔之外，在钣金件中孔径小于 5 mm 的小孔可以去掉；（2）若安装的受力孔的孔径是大于 5 mm 而小于 10 mm 的中孔，这时用一个空四边形来表示；（3）若孔径超过了 10 mm 时，网格划分时就可以采用六边形以上的网格，其单元的质量要求如表 6.6 所示[115]。

表 6.6 板材壳单元质量要求

项目	要求
翘曲	<20
歪斜	<60
长度比	<4
雅克比	>0.7
四边形最大角度	<135°
四边形最小角度	>45°
三角形最大角度	<120°
三角形最小角度	>25°
三角形单元比率	<5%

3. 整车模型的连接和运动关系模拟

对整车进行网格划分，并对材料属性进行设定之后，要按照整车的实际连接关系将模型的各个部件进行连接。本研究中的整车模型主要有以下几种连接方式：焊点连接、螺栓连接和铰链连接等。

1）焊点连接

在整车部件中，大多数结构为薄壁件，采用点焊进行连接是使用最多的方式。波形防护栏的各部件也是用焊点连接来模拟各部件的连接。根据 CAD 图纸所给的焊点坐标位置进行建模，焊点的材料类型是 BEAM 单元，如图 6.13 所示。

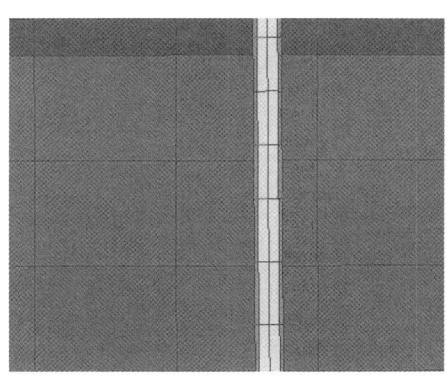

图 6.13 BEAM 单元模拟焊点连接

2）螺栓连接

螺栓连接是一种较传统的连接方式，该连接具有高强度的特点，不易脱落，因此，在整车中多处采用了这一连接方式。通常采用刚性连接单元 RigidBody 来模拟螺栓连接，如图 6.14 所示。

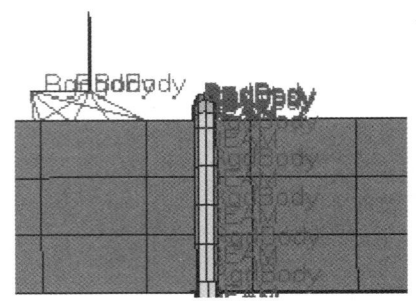

图 6.14　RigidBody 单元模拟螺栓连接

3）铰链连接

在有限元建模过程中，能够相对运动的部件的连接主要是铰链连接，建立铰接连接的类型主要有球铰链、转动铰链和柱铰链三种。在整车有限元建模中，使用最多的是球铰链。建立铰链过程中需要注意铰链自身不能变形，所以建立铰链一般采用 Rigidbody。在车辆碰撞 W 型护栏模型中，铰链一般是将可变形网格转化成刚性体网格，然后在转化后的网格上建立铰链。

通过对有限元建模软件 HyperMesh 设置上述相关过程之后，最终建立了厢式货车有限元模型，整车模型一共有 38949 个节点，36539 个单元，厢式货车的几何结构尺寸分别为：长度 8575 mm、宽度 2445 mm、高度 3278 mm。整车有限元模型如图 6.15 所示。

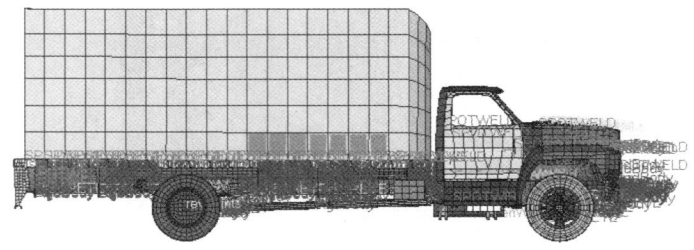

图 6.15　整车有限元模型

6.3 建立"厢式货车-W型护栏"耦合体系

W型护栏体系与厢式货车体系的耦合主要是通过两者几何位置的调整以及接触设置来实现的。除此之外，完全的耦合体系还需要碰撞初始条件的设定、部件沙漏控制以及计算控制参数的设置，以便于直接将其导入LS-DYNA中进行计算。关于这部分工作，将主要在HyperMesh中完成。

6.3.1 厢式货车与W型护栏的初始碰撞条件

护栏评价标准规定了护栏的安全性能要求，同时也对实车碰撞护栏的初始碰撞条件设定了严苛的要求，主要包括碰撞试验场的外界环境、车辆总质量、碰撞速度、碰撞角度以及实际碰撞点。下面就对这些条件做进一步的阐述。

1. 厢式货车质量

随着我国人均收入水平的不断提高，以及科技水平的稳步上升，人们在网上购物成为一种流行现象，同时也使国内快递业得到飞速发展。而厢式货车具有装货多、经济性能好等特点，使其在物流行业中的使用率较高。统计数据显示,截至2015年年底,国内快递年均增长率超过50%；之后，虽然增长速度有所放缓，但仍保持在较高水平。高速公路上厢式货车占到了30%以上，而厢式货车发生的事故往往是重大事故，因此，对厢式货车与护栏的碰撞研究具有重要的现实意义。根据护栏评价标准的相关规定选择总质量为10 t的厢式货车作为碰撞车型，也为了使货车符合实际情况，在整车有限元模型中，将厢式货车箱体内加入相应质量。

2. 厢式货车的碰撞初始速度

车辆在碰撞护栏之前，驾驶员一般会采取一些措施来阻止事故的发生，比如踩刹车、转动方向盘，所以碰撞初始速度比实际高速公路上车辆的行驶速度要小很多。根据公路护栏评价标准相关规定，不同车型的碰撞初始速度不同,不同车型与护栏碰撞车速如表 6.7 所示。根据表中的要求,选用的是 10 t 的厢式货车,所以其碰撞速度为 60 km/h。

表 6.7 护栏标准段、护栏过渡段和中央带开口护栏的试验碰撞条件

防护等级	碰撞车型	车辆总质量/t	碰撞速度/km/h	碰撞角度/°
一	小型客车	1.5	50	20
	中型客车	6	40	20
	中型货车	6	40	20
二	小型客车	1.5	60	20
	中型客车	10	40	20
	中型货车	10	40	20
三	小型客车	1.5	100	20
	中型客车	10	60	20
	中型货车	10	60	20
四	小型客车	1.5	100	20
	中型客车	10	80	20
	大型货车	18	60	20
五	小型客车	1.5	100	20
	大型客车	14	80	20
	大型货车	25	60	20
六	小型客车	1.5	100	20
	大型客车	18	80	20
	大型货车	33	60	20
七	小型客车	1.5	100	20
	特大型客车	25	80	20
	大型货车	40	60	20
	大型货车	55	60	20
八	小型客车	1.5	100	20
	特大型客车	25	85	20
	大型货车	40	65	20
	大型货车	55	65	20

在前处理软件 HyperMesh 中，初始速度设置在 Loadcols 菜单中，通过创建按钮 create/edit 进行设置，其关键字菜单如图 6.16 所示。在关键字菜单中，可以单击 NSID 通过选择节点集的方式，或者单击 BOXID 通过选择 box 的方式，为整车施加初速度。其中*INITIAL_VELOCITY 关键字的含义如下：NSID 为赋予初速度的节点集（Node Set）的 ID，当它为 0 时，该初速度赋予所有节点；NSIDEX 为节点集的 ID，通过节点集的方式指定不包含在初始速度定义下的节点；BOXID 为赋予初速度的 Box 的 ID；IRIGID 为重新导入刚体惯量的选项；VX，VY，VZ，VXR，VYR 和 VZR 分别是 X，Y，Z 方向的初始速度和角速度值。在以上关键字菜单中，如果通过 NSID 指定施加初速度的节点，需保证该节点集（Node Set）中不包含不具有质量和属性的单元，否则计算可能出错。

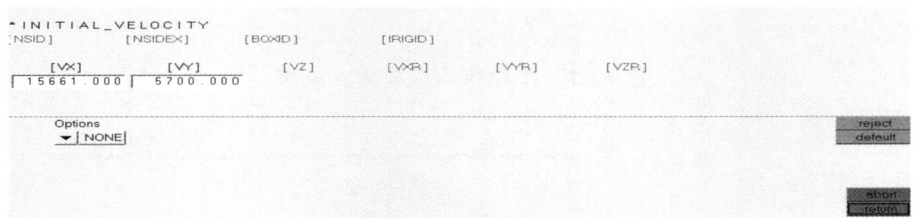

图 6.16　INITAL_VELOCITY 设置

3. 碰撞初始角度

对于路侧护栏标准段而言，碰撞角度是指车辆碰撞护栏的开始时刻，车辆纵向中心线与试验护栏纵轴线间的夹角；对于护栏端头，碰撞角度是指车辆碰撞护栏端头初始瞬间，车辆纵向中心线与护栏端头连接的护栏标准段纵轴间的夹角。根据护栏评价的标准要求（见表 6.7），在中厢式货车与护栏碰撞仿真模型中选用的碰撞角度均为 20°，其有限元模型车辆与护栏间的碰撞角度如图 6.17 所示。

4. 实际碰撞点

碰撞点是指实车足尺碰撞试验时，试验护栏上最先被车辆碰撞处的地面投影点。根据护栏安全性能评价指标的相关规定，对于护栏标准段，小型客车和大中型车辆的碰撞点位置均在车辆运动起始点这边的护栏标

准段的 $\frac{1}{3}$ 处（其中大中型车辆包括特大型客车），如图 6.17 所示。根据相关标准要求，选取护栏标准段的 $\frac{1}{3}$ 处作为实际碰撞点，厢式货车与护栏的有限元模型的碰撞初始位置如图 6.18 所示。

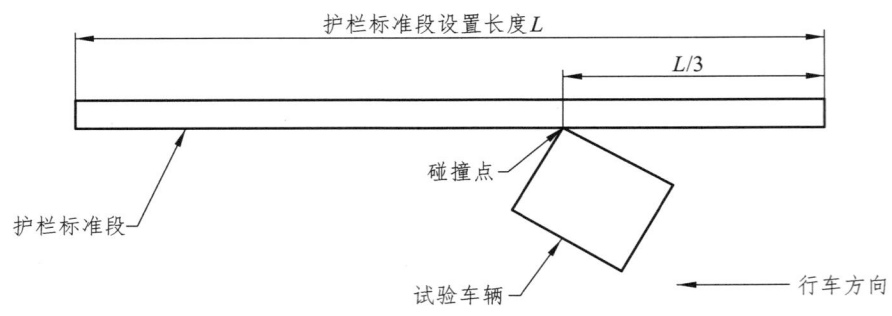

图 6.17　护栏标准段碰撞点位置

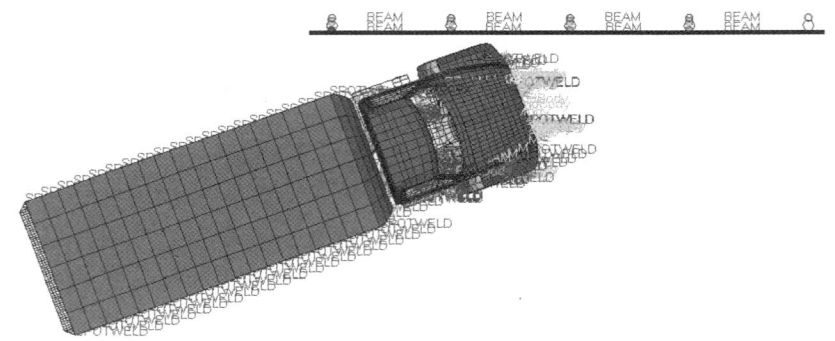

图 6.18　汽车与护栏有限元碰撞的初始位置

6.3.2　有限元模型的参数确定及计算控制

1. 有限元模型的接触设定

在整车模型中特别是车身中，需要对相邻结构定义相互接触，否则在计算中相邻部件会发生相互穿透现象。在车辆碰撞护栏有限元模型中，应用比较多的是面面接触，车辆内部构件总体采用单面接触，而特殊构件一般设置为面面接触。使用 HyperMesh 建立仿真模型时，接触设置是在 Analysis 页面的 InterFaces 菜单中定义的，添加接触单元之间的主动（Master）和被动接触（Slave）关系；创建成功后，通过 Review 功能检查，主动单元显示为蓝色，被动单元显示成红色。接触设置卡片如图 6.19 所示。

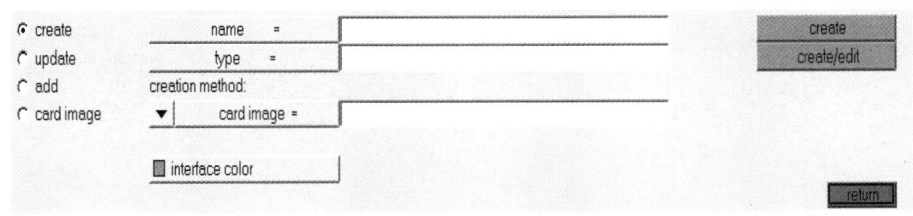

图 6.19　接触设置

地面对车辆轮胎存在约束作用，但由于地面在车辆碰撞护栏过程中不发生变形，所以将地面设置为刚性墙，建模方法如前所述。但在车轮与地面刚性墙的接触设置中，需考虑车轮在地面上的滚动，其接触单元应该包含车轮整圈可能与地面接触的外表面。

车辆碰撞护栏的有限元模型中，护栏与车辆的接触是模型建立的核心部分，护栏设置为主面，车辆各部件设置为从面，摩擦系数设置为 0.15。

2. 有限元模型的重力加速度设置

在实车碰撞护栏过程中存在重力加速度，所以在碰撞仿真模型中设置重力加速度，以使仿真模型更接近实际碰撞过程。在 HyperMesh 软件中，设置重力加速度主要有以下两步：（1）定义重力加速度曲线；（2）定义加速度载荷。重力加速度曲线定义可选在 Curve editor 界面设置。即通过 HyperMesh 的 Tools 菜单，选择 create cards 选项，选取 *DEFINE_CURVE 或通过 XYplot 菜单的 Curve editor 可打开 Curve editor 曲线定义。

该值取常用重力加速度值 9.8E-3mm/ms，在 loadcols 中设置初速度名称并选取初速度类型后，在 Z 方向设置加速度曲线。

3. 有限元模型的沙漏控制

整车碰撞护栏模型中采用了较多的四边形壳体和实体单元，如果对这些部件没有采用全积分计算方法，那么在计算中将有可能出现沙漏。而采用的全积分计算方法，其计算效率较低，所以为了提高计算效率，需要在计算中对沙漏进行有效控制。在 HyperMesh 软件中，沙漏控制的方法有很多种。对单个部件进行沙漏设置控制，一般要先通过 Property 菜单建立一个沙漏控制，如图 6.20 所示。

图 6.20　通过沙漏 Property 菜单建立沙漏控制关键字

在如上所示属性创建菜单中选取卡片类型为 HourGlass，单击右侧 creat/edit 按钮可以打开沙漏关键字菜单，如图 6.21 所示。

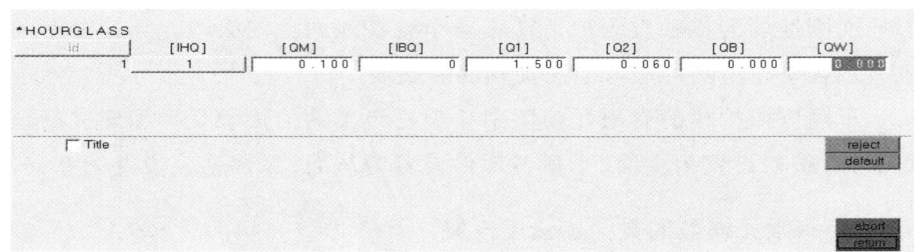

图 6.21　单个部件沙漏控制关键字

其中创建菜单中的 IHQ 为沙漏控制类型，目前有七种沙漏控制类型的方法：(1) LS-DYNA 沙漏控制的标准方法；(2) 黏性模式；(3) Flanagan-Belytschko 黏度模式；(4) 硬化模式；(5) 用于实体单元的硬化模式；(6) 应变协同硬化模式；(7) 壳体单元的全积分计算类型。在完成菜单中的沙漏类型和控制参数后，即可对 Components 关键字菜单进行设置，完成此操作后即对有限元模型建立沙漏控制[115]。

4. 有限元模型的输出控制

对车辆碰撞护栏有限元模型进行上述设置后，还需要对 LS-DYNA 软件计算后的结果进行输出控制。在 HyperMesh 软件中，主要通过 Control

Cards 菜单进行设置，具体输出数据类型如表 6.8 所示。

表 6.8　输出明细表

输出定义	输出说明
ELOUT	根据单元不同，输出不同类型单元计算结果
BNDOUT	输出边界力和能量
GLSTAT	输出全局性参数
MATSUM	输出材料能量数据
SPCFORC	输出单节点约束力
DEFGEO	输出变形体的几何数据
SECFORC	输出截面力

通过上述的相关设置过程之后，最终建立了厢式货车碰撞护栏的碰撞模型，如图 6.22 所示。经统计，该有限元碰撞护栏模型有限元单元总数为 246773 个，总节点数为 254384 个。有限元碰撞护栏模型建立以后，将其生成 LS-DYNA 计算所用的 K 文件。

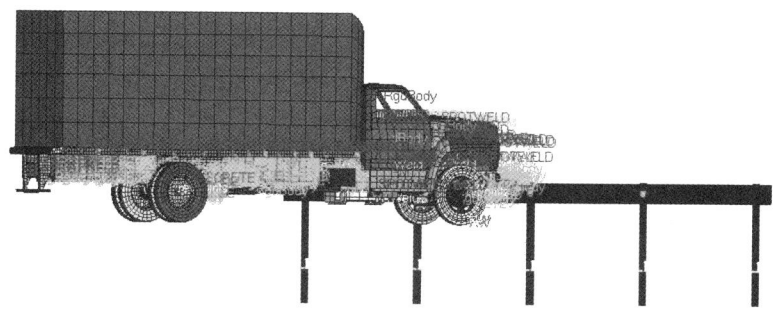

图 6.22　有限元碰撞模型

6.3.3　"厢式货车-W 型护栏"碰撞仿真系统的验证

实车碰撞试验能验证有限元模型的有效性，可使用国内相关研究机构提供的实车碰撞护栏试验数据进行验证。实车碰撞初始情况如下：整车质量为 10050 kg、初始速度为 60 km/h、碰撞角度为 20°，实际碰撞点为护栏标准段的 $\frac{1}{3}$ 处，仿真试验与实车碰撞试验条件对比如表 6.9 所示。

表 6.9　仿真试验与实车碰撞试验初始条件对比

碰撞条件	仿真试验	实车碰撞试验
整车质量	10 000 kg	10 050 kg
碰撞速度	60 km/h	60.2 km/h
碰撞角度	20°	19.9°
实际撞点	护栏标准段的 $\frac{1}{3}$	护栏标准段的 $\frac{1}{3}$

在公路护栏安全性能评价的相关标准中规定：10 t 中型车辆的车辆总质量容许误差在零与 300 kg 之间，如表 6.10 所示，仿真试验与实车试验的整车总质量相差 50 kg，误差在总质量容许误差范围内。通过仿真计算，将有限元模型与实车碰撞模型进行对比，有限元仿真碰撞过程如图 6.23 所示。

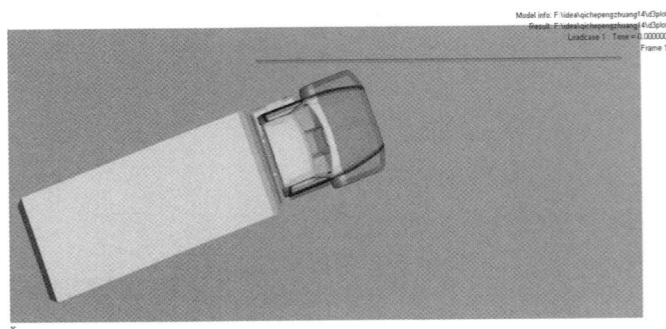

（a）$t = 0$

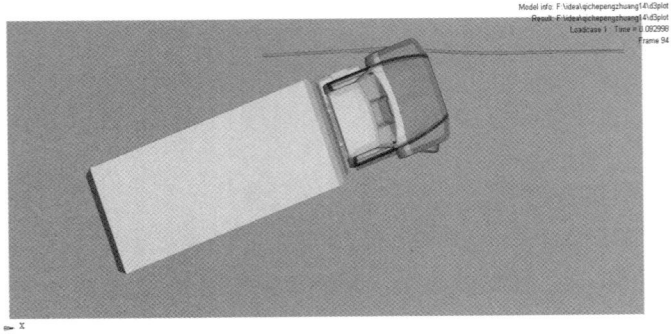

（b）$t = 92$ ms

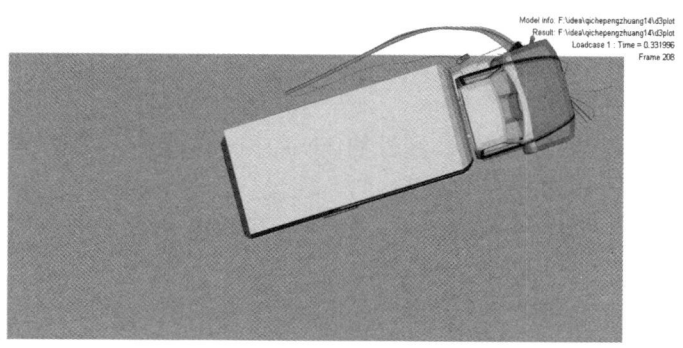

(c) t = 330 ms

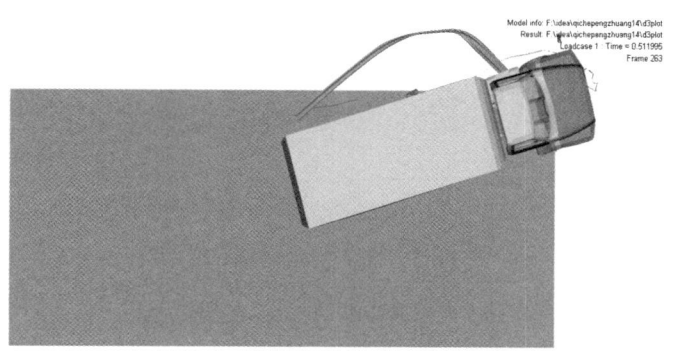

(d) t = 511 ms

图 6.23 碰撞变形情况

实车碰撞试验中，厢式货车由于整体动量太大，直接驶出了护栏。实车碰撞数据由北京深华达交通检测有限公司提供。仿真碰撞分析数据与实车碰撞数据比对结果如表 6.10 所示。通过比对分析，可以认为，所建立的厢式货车与 W 型护栏碰撞有限元模型能很好地反映真实碰撞情况。

表 6.10 仿真试验与实车试验结果对比

参考	仿真试验	实车试验	误差
护栏最大动态变形量	$\Delta_1 = 1270\text{mm} \geqslant 1000\text{mm}$	$\Delta_1 = 1341\text{mm} \geqslant 1000\text{mm}$	5.2%
车体纵向加速度最大值	$\alpha_{max} = 22.2g \geqslant 20g$	$\alpha_{max} = 20.8g \geqslant 20g$	6.7%
车体横向加速度最大值	$\alpha_{max} = 23.1g \geqslant 20g$	$\alpha_{max} = 21.6g \geqslant 20g$	6.9%

6.4 厢式货车碰撞 W 型护栏的仿真分析及护栏优化

通过 HyperWorks 的前处理模块 HyperMesh 对 W 型护栏和厢式货车建立有限元仿真模型后，将仿真模型文件转换成 LS-DYNA 能够识别和计算的 K 文件，然后将 K 文件导入到 LS-DYNA 中进行计算和分析，如图 6.24 所示。

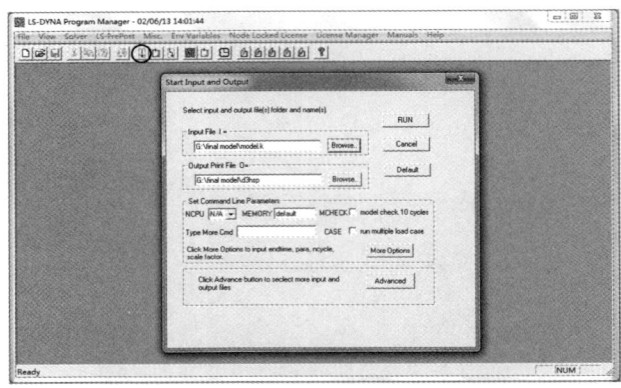

图 6.24　LS-DYNA 计算提交菜单

经计算后，综合运用 HyperWorks 的后处理模块 HyperView 和 HyperGraph 以及 LS-DYNA 的后处理模块 LS-PRPOST 对计算结果进行查看和分析。

6.4.1 护栏防护性能评价标准

护栏防护性能评价标准是国家规定的实车碰撞护栏试验的相关要求，其中对护栏的安全性能标准要求如表 6.11 所示[127]。

表 6.11　我国高速公路护栏安全性能评价标准

评价项目	评价内容
阻挡功能	应能够阻挡车辆出现穿越、翻越和骑跨现象 试验护栏构件及其脱离件不得侵入车辆乘员舱
缓冲功能	乘员碰撞速度的纵向和横向分量均不得大于 12 m/s 乘员碰撞加速度的纵向和横向分量均不得大于 200 m/s^2

续表

评价项目	评价内容
导向功能	车辆碰撞后不得翻车 车辆驶出点驶离点后的轨迹经过图 6.25 所示的导向驶出框时不得越出直线 F，参数 A 和 B 的取值应符合表 6.12 的规定

在我国，参考美国使用的《安全设施手册》(Manual for Assessing Safety Hardware, MASH)以及欧盟使用的《道路防护系统》(Road Restraint Systems, EN 1317)制定了《高速公路护栏性能评价标准》(JTG F83-01-2004)。2013 年，对该评价标准进行了修改，制定了《公路护栏安全性能评价标准》(JTG B05-01-2013)。2013 年发布的护栏评价标准规定：评价护栏标准段的安全性能主要考虑以下三个功能：（1）阻挡功能；（2）缓冲功能；（3）导向功能。其中，表 6.11 是我国高速公路护栏安全性能评价标准，图 6.25 是护栏标准段、护栏过渡段和中央分隔带开口护栏的车辆轨迹导向驶出框的示意图，图中的相关参数 A,B 的具体数值如表 6.12 所示[128]。

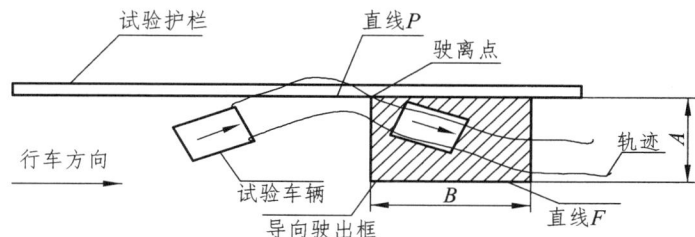

图 6.25　护栏标准段、护栏过渡段和中央分隔带开口护栏的车辆轨迹导向驶出框

注：（1）直线 P 为试验护栏碰撞前迎撞面最内边缘的地面投影线；
（2）直线 F 和直线 P 平行且距离为 A；
（3）直线 F 的起点为车辆驶离点在直线 F 的投影点，长度为 B。

表 6.12　参数 A 和 B 的计算方式（m）

碰撞车型	A	B
小型客车	$2.2+V_W+0.16V_L$	10
大中型客车（包括特大型客车）、大中型货车	$4.4+V_W+0.16V_L$	20

注：V_W 为车辆总宽（m）；V_L 为车辆总长（m）。

1）阻挡功能

碰撞过程中，护栏应发挥最基本的防护能力，以防失控车辆越过护栏造成二次事故发生，所以，护栏的设置在保护乘员安全方面起到了至关重要的作用。护栏应能很好地阻挡车辆穿越护栏，防止车辆越出正常的行驶道路，同时，应避免散落的护栏部件对车辆及车内乘员造成影响或伤害；如果此类情况发生，将造成更加严重的事故发生。最新标准中规定：W型波形梁护栏的最大变形量 Δ=1400mm。

2）缓冲功能

缓冲功能的重点主要体现在对乘员的保护方面。我国对乘员风险评价的研究较少，大多都是借鉴美国等发达国家的最新相关标准和研究成果。我国的相关标准《公路护栏安全性能评价标准》（JTG B05-01—2013）是借鉴国外的最新标准和成果，再结合我国的国情制定的，其相关要求如表 6.11 所示。而在仿真试验中对护栏的缓冲功能的评价主要通过以下两种方法进行：

（1）直接将假人及其相关约束系统放入整车有限元模型中，并在这些假人内部安装有相应的传感器。在仿真计算中，能够输出和真实假人一致的测量信号，这些信号被用来计算该假人的伤害值。相关的参数要求如下：

假人头部性能指标 HIC：

$$\text{HIC} = \max\left\{(t_2 - t_1)\left[\frac{1}{(t_2 - t_1)}\int_{t_1}^{t_2}\alpha_{res}(t)\mathrm{d}t\right]^{2.5}\right\} \quad (6\text{-}19)$$

式中，α_{res} 为设置在车辆上假人的质量中心处的合成加速度；t_1 与 t_2 为碰撞过程中某一个时间点，$(t_2 - t_1) \leqslant 36$ ms；HIC 指标不能大于 1000。

THPC 指的是胸部位移变形量，其值不能大于 75。

FPC 指的是假人每条腿上所承受的压力，其值不能大于 20。

（2）在不具备安装假人条件时，可将测量车体质心的加速度作为乘员安全风险的评价指标，也就是护栏缓冲功能的评价指标。车体的三个方向的加速度均未超过 200 m/s²，护栏缓冲功能视为良好[129]。

3）导向功能

护栏对失控车辆的导向功能是指能有效避免失控车辆与护栏碰撞后侵入相邻车道，避免车辆碰撞发生翻车现象。如果出现这种情况，将有可能变成重大的交通安全事故。美国《安全设施评价手册》(Manual for Assessing Safety Hardware，MASH)对此规定：车辆的驶出角度不大于驶入角度的60%；欧盟《道路防护系统》(Road Restraint Systems,EN 1317)规定：车辆与护栏发生碰撞后，不能驶出规定的宽度。这两种不同的方法可以达到评估车辆运行轨迹的同样效果。而我国JTG B05-01—2013的规定与EN 1317的规定是类似的：一方面，车辆碰撞后不能翻车；另一方面，车辆驶出点驶离点后的轨迹经过图6.25所示的导向驶出框时不得越出直线 F，具体要求如表6.12所示。

6.4.2 厢式货车与W型护栏碰撞仿真分析

1. 试验方案确立

车辆与护栏发生碰撞后，碰撞车辆的初始条件不同，导致碰撞后护栏的变形情况也不同，同时车辆的损坏以及人员的安全也会不一样。

根据《公路护栏安全性能评价标准》(JTG B05-01—2013)的相关规定，车辆与护栏碰撞的试验条件见表6.13。所以，本有限元仿真分析中碰撞初始角取为20°，车辆碰撞的初速度取为60 km/h[128]。

表6.13 护栏碰撞试验条件

碰撞车型	车辆总质量/t	碰撞速度/km/h	碰撞角度/°
中型货车	10	60	20

根据《公路护栏安全性能评价标准》(JTG B05-01—2013)，规定护栏标准段、护栏过渡段和中央分隔带的开口护栏应对护栏的阻挡功能、缓冲功能和导向功能等指标进行安全性能评价。

运用LS-DYNA软件计算以后，可通过LS-DYNA软件的LS-PRPOST模块、HyperWorks软件的HyperView模块和HyperGaph模块等后处理模块再对这些指标进行研究分析。

2. 护栏阻挡功能分析

我国护栏安全标准中允许的波形防护栏的最大变形量 $\varDelta=1400\mathrm{mm}$，即护栏结构最大的移动位移。如图 6.26 所示，货车冲出护栏而驶离正常的行驶道路，护栏的 W 型波形梁板已经被货车冲断。

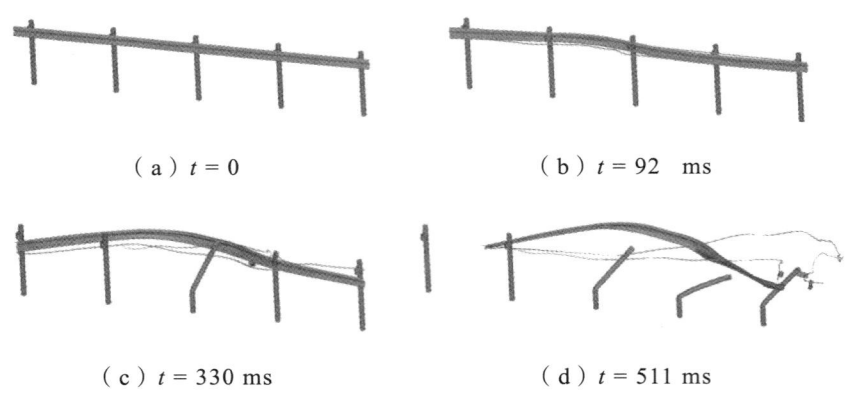

（a）$t = 0$
（b）$t = 92$ ms
（c）$t = 330$ ms
（d）$t = 511$ ms

图 6.26　护栏的变形情况

仔细观察护栏的变形过程可知，导致护栏断裂的原因有两方面：一方面是由于波形梁板的强度无法承受货车的碰撞，另一方面是防阻块的脱落与立柱的倒伏。在 $t = 92$ ms 时，护栏发生较大变形，护栏和立柱之间的防阻块出现松动；在 $t = 330$ ms 左右，防阻块脱落，由于防阻块的脱落使立柱发生倒伏，导致护栏的变形量加大；在 $t = 511$ ms 左右，货车冲出护栏。由此可见，护栏已经完全变形，护栏的结构和强度达不到安全指标的相关要求。

而阻挡功能的另一个要求是试验护栏的构件及其脱离件不得侵入乘员舱，如图 6.27 所示。从图 6.27 可知，厢式货车碰撞护栏后，护栏的构件发生脱落，脱落发生在 $t = 330$ ms 时。通过分析得出碰撞后厢式货车前围板的侵入量云图，如图 6.28 所示。前围板的侵入是造成前排乘员腿部伤害的主要原因，如果侵入量超过一定范围，可能会对乘员造成伤害。一般情况下，前围板的侵入量在小于 150 mm 的情况下，可以认为对乘员的腿部几乎没有伤害，如图 6.28 所示。碰撞结束后前围板侵入量最大值是 16.2 mm，发生在节点 2614329 的位置上，且未有散落护栏构件侵入乘员舱，符合安全性能指标的相应要求。

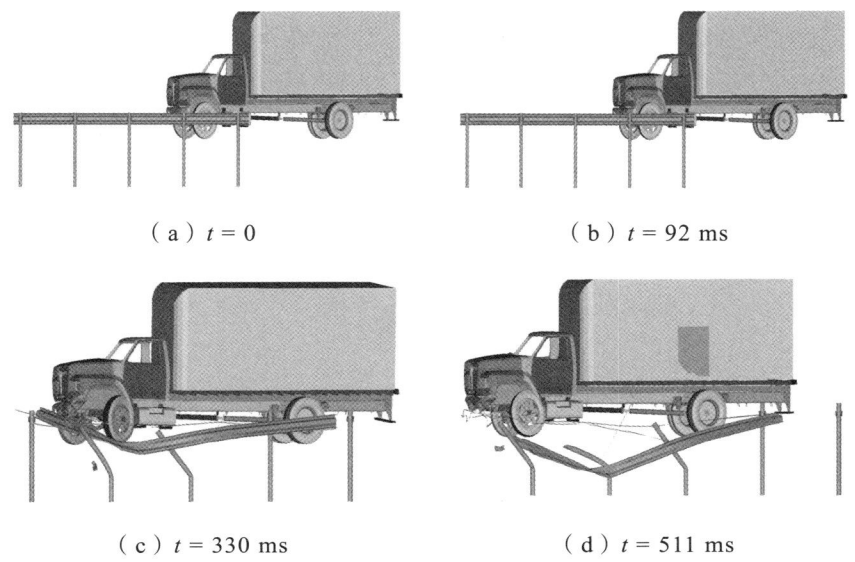

(a) $t = 0$

(b) $t = 92$ ms

(c) $t = 330$ ms

(d) $t = 511$ ms

图 6.27　构件脱落及入侵乘员舱情况

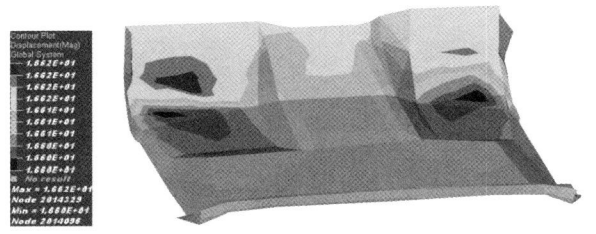

图 6.28　前围板侵入情况

6.4.3　护栏缓冲功能分析

如图 6.27 所示，护栏立柱与厢式货车发生绊阻，车体未能回正到正常的行驶道路上，绊阻效应对车内乘员的安全构成极大威胁。通过 LS-DYNA 的后处理模块 LS-PRPOST 分析，碰撞车辆质心处两个方向的速度变化曲线如图 6.29 和 6.30 所示，图中 X, Y, Z 的方向与车辆坐标系一致。碰撞车辆质心处的三处加速度曲线如图 6.31~6.33 所示。可见，碰撞过程中车体质心处三处加速度均有峰值在 20 m/s² 以上，可以认为乘员不在一个安全状态，超过了安全范围。当 t = 92 ms 时，厢式货车的车头保险杠部分碰撞到护栏，厢式货车的速度迅速降低；当 t = 330 ms 时，车辆左边前轮碰撞到护栏立柱，加速度迅速上升到一定值，此时车辆的加速度值较高，乘员受到的伤害最大。在图 6.31~6.33 中，厢式货车碰撞后的加速度峰值超过了安全范围，乘员的安全受到严重影响，这说明 W 型波形梁护栏的缓冲功能无法达到安全评价标准的要求。

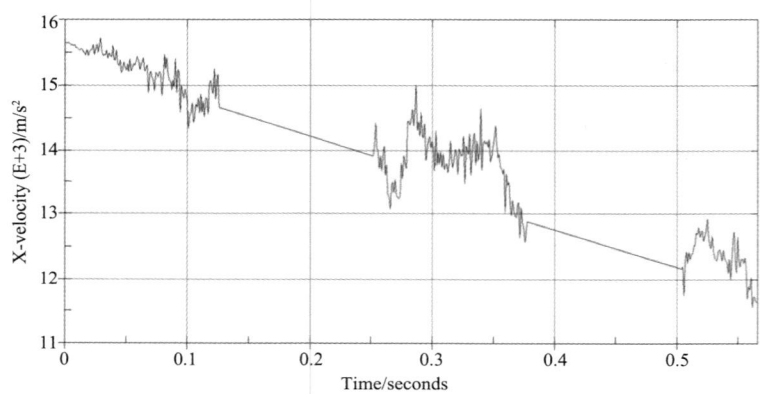

图 6.29　车体质心处 X 处速度变化曲线

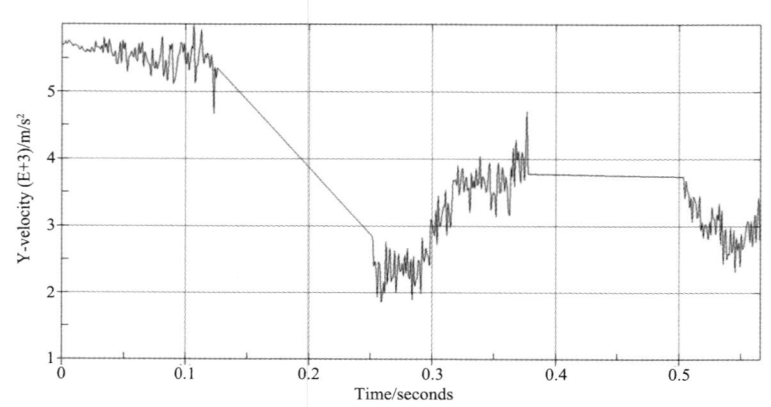

图 6.30　车体质心处 Y 处速度变化曲线

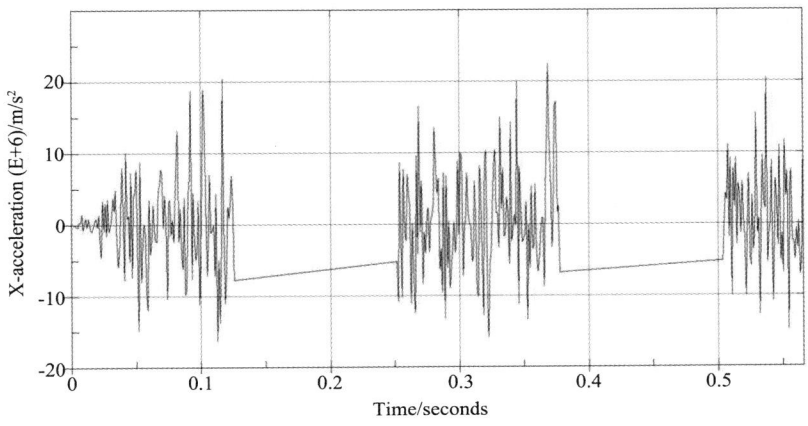

图 6.31　车体质心处 X 处加速度曲线

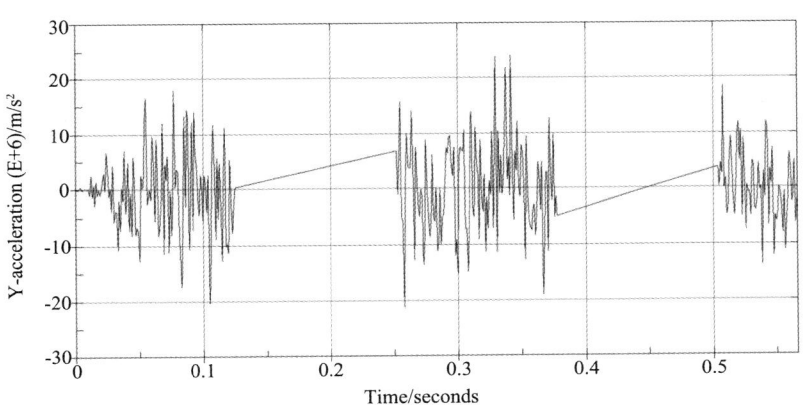

图 6.32　车体质心处 Y 处加速度曲线

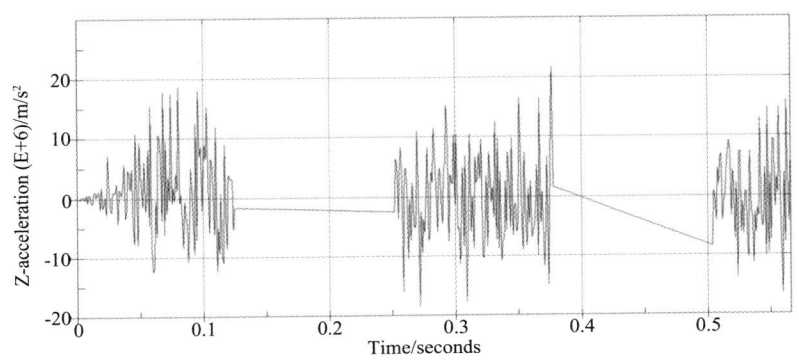

图 6.33　车体质心处 Z 处加速度曲线

6.4.4 护栏导向功能分析

如图 6.34 所示,当 $t = 0$ 时,车辆处于碰撞初始状态;当 $t = 33$ ms 时,失控车辆与护栏发生接触;当 $t = 125$ ms 时,护栏发生较大变形,车辆也发生部分变形,车辆与护栏的角度变化不大;当 $t = 511$ ms 时,车辆严重失控,立柱发生弯曲倒伏现象,阻碍车辆的行驶,与之碰撞的护栏也完全解体,车辆整个车体有侧倾倾向,对车内的乘员有较大的安全隐患。护栏无法较好地使车辆回正到正常的行驶道路上,车辆冲出护栏,容易造成二次事故的发生。

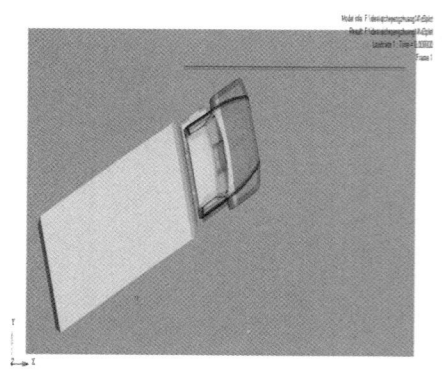

(a) $t = 0$

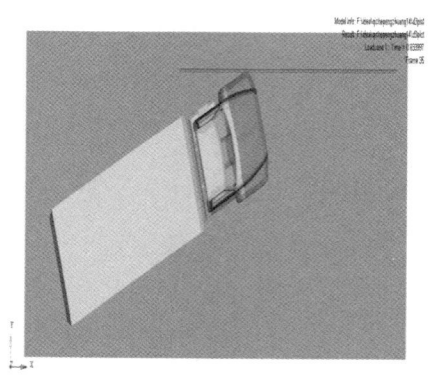

(b) $t = 33$ ms

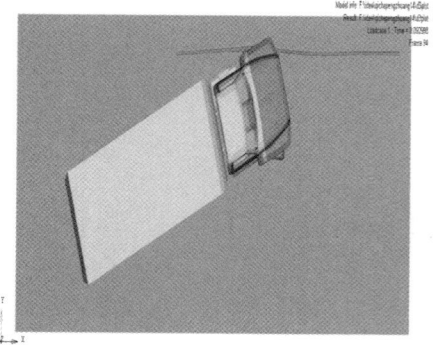

(c) $t = 92$ ms

(d) $t = 125$ ms

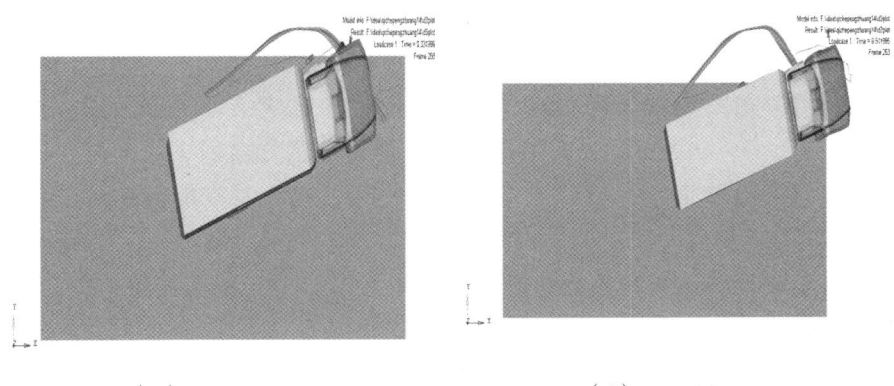

(e) t = 330 ms　　　　　　　　(f) t = 511 ms

图 6.34　护栏对失控车辆的导向功能

6.4.5　影响 W 型护栏防护性能的各因素分析

前一部分主要研究了碰撞速度为 60 km/h，碰撞角度为 20°的特定碰撞条件下，W 型波形梁护栏对厢式货车的安全防护性能，而本部分在建好的"厢式货车 – W 型波形梁护栏"碰撞仿真系统基础上对不同的碰撞条件进行碰撞仿真。不同的碰撞条件是指不同的碰撞速度和不同的碰撞角度，并对结果进行对比分析，从而研究不同因素对护栏安全防护性能的影响，进而设计出更好的安全防护性能的护栏。

1. 碰撞速度对护栏防护能力的影响

公路护栏的评价标准中规定，车辆碰撞速度是指试验车辆在碰撞点前 6 m 的行驶速度，这和高速公路中行驶的车辆速度是完全不同的。其原因是失控车辆在与护栏碰撞前，乘员会采取措施来降低车速或改变车辆的方向。所以，公路护栏评价标准中速度一般是高速公路正常行驶车辆速度的 60%到 80%[130]。

在其他条件不变的情况下，失控车辆在不同的初始碰撞速度下，护栏的仿真碰撞试验情况是有差异的。选取三组仿真碰撞条件，这三组仿真碰撞条件分别是：（1）车辆碰撞护栏的初始速度为 40 km/h，车辆碰撞护栏的初始角度为 20°；（2）车辆碰撞护栏的初始速度为 60 km/h，车辆碰撞护栏的初始角度为 20°；（3）车辆碰护栏的初始速度为 80 km/h，车辆碰撞护栏的初始角度为 20°。

随着碰撞初始速度的提高，车辆与护栏的碰撞结果也更激烈。当碰撞初始速度为 40 km/h 时，护栏能较好地使车辆方向回正，并防止车辆冲出正常的行驶道路，所以汽车碰撞护栏后，汽车基本能回正到正常的行驶状态。

当车辆以 80 km/h 的初始速度碰撞护栏时，由于碰撞初始速度较大，护栏构件立柱发生严重结构变形，弯曲变形几乎达到了 180°，并且倒伏的护栏对失控车辆产生较大阻碍。由于初始速度较大，厢式货车直接冲出护栏，越出了正常的行驶轨迹，整个波形梁护栏板也从立柱脱落上脱落下来，如图 6.35 所示。

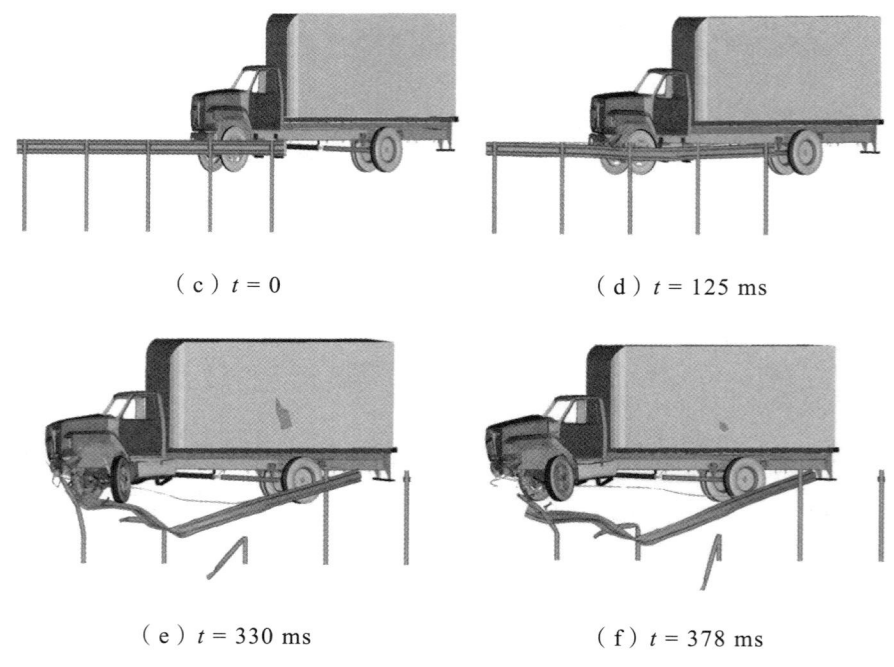

图 6.35 护栏对失控车辆的导向功能

由图 6.36~6.38 可知，在碰撞角度相同的情况下，厢式货车的初始速度由 40 km/h 提高到 80 km/h 时，厢式货车的质心加速度峰值也随之增大，说明碰撞的剧烈程度与碰撞初始速度有直接关系。另外，碰撞初始速度与碰撞的剧烈程度也是成正比的。例如，在不同的碰撞初始速度情况下，厢式货车的运动位移是不一样的，厢式货车与护栏立柱发生绊阻的时间也不同，所以，不同碰撞速度下的厢式货车的质心加速度峰值出现的位置也不尽相同。碰撞初始速度为 40 km/h 时，其质心处的加速度峰值出现在 t = 382 ms 处；碰撞初始速度为 60 km/h 时，其质心处的加速度峰值出现在 t = 276 ms 处；碰撞初始速度为 60 km/h 时，其质心处的加速度峰值出现在 t = 125 ms 处。

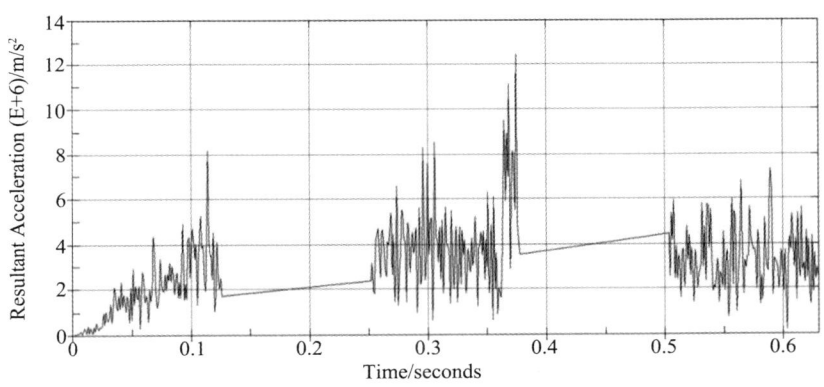

图 6.36　40 km/h 下厢式货车质心处的合成加速度

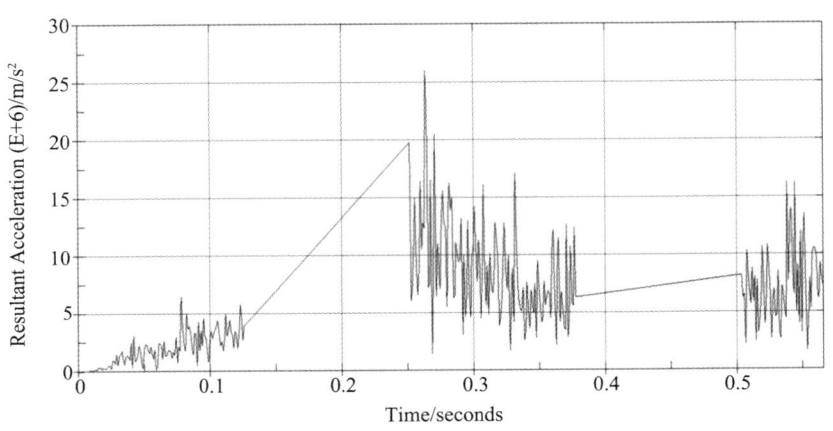

图 6.37　60 km/h 下厢式货车质心处的合成加速度

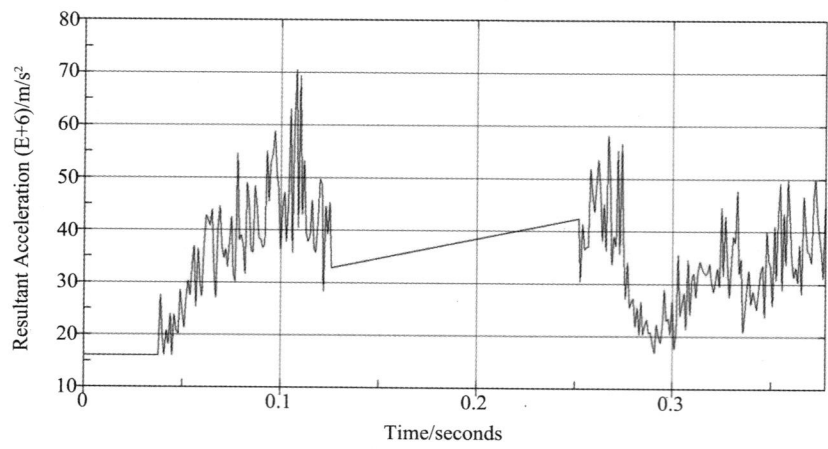

图 6.38　80 km/h 下厢式货车质心处的合成加速度

将厢式货车有限元模型的四个节点 2009617、2013368、2026489、2004947 在不同的碰撞速度条件下的合成加速度的峰值进行比较（见表 6.14），其中这些节点分别对应于保险杠、车门、货车车厢、货车尾部四部分。由表 6.14 可知，随着碰撞初速度的增大，汽车各部件的加速度也随之增大。碰撞速度为 80 km/h 时，汽车保险杠、车门、货车车厢、货车车尾部分的加速度值要明显比碰撞初速度为 40 km/h、60 km/h 时大得多。以碰撞速度 60 km/h 为代表，图 6.39 给出了碰撞过程中节点 2009617、2013368、2026489、2004947 的加速度曲线。从图 6.39 中可以很好地看出，离车头更近的车辆有限元的节点，其碰撞后的加速度峰值更高，这说明在车辆碰撞护栏的过程中，车头部分受到的冲击力更大。所以，在车辆开发阶段，需要加强车头部分的结构强度，特别是保险杠和防撞梁部分，目的是保护车内人员的安全。

表 6.14　节点在不同碰撞角度下的最大合成加速度　　　　单位：m/s²

碰撞角度	碰撞速度	2009617（保险杠）	2013368（车门）	2026489（货车车厢）	2004947（货车尾部）
20°	40 km/h	116.47	12.63	2.52	2.79
20°	60 km/h	224.82	13.21	3.62	3.27
20°	80 km/h	239.98	15.88	4.47	5.13

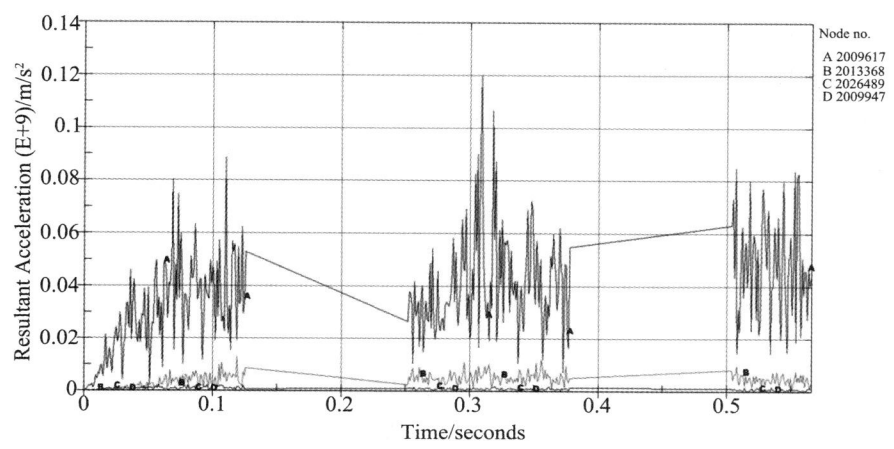

图 6.39　60 km/h 的碰撞速度下厢式货车不同节点下的合成加速度

2. 车辆碰撞角度对护栏防护能力的影响

车辆碰撞初始角度是指车辆与护栏在碰撞的起始时刻,车辆纵向中心线与试验护栏纵轴线间的夹角。国外事故现场的研究分析结果表明,车辆与护栏碰撞的角度一般是 10°和 15°,而且碰撞初始角度的最大值为 25°,国内的相关研究也证实了上述情况。

上一部分研究了相同碰撞角度下,不同碰撞速度的厢式货车碰撞护栏的情况,而这部分将对相同碰撞速度下,厢式货车与护栏在不同的碰撞角度下的情况进行分析。与上一部分一样,对"厢式货车-W 型护栏"进行三个不同条件下的碰撞仿真分析。这三组仿真碰撞条件分别是:(1)车辆碰撞护栏的初始速度为 60 km/h,车辆碰撞护栏的初始角度为 15°;(2)车辆碰撞护栏的初始速度为 60 km/h,车辆碰撞护栏的初始角度为 20°;(3)车辆碰撞护栏的初始速度为 60 km/h,车辆碰撞护栏的初始角度为 25°。

由图 6.40~6.42 可知,在其他初始条件不变的情况下,随着碰撞初始角度的增大,护栏受到的横向冲击力也随之上升,同时,厢式货车质心处的合成加速度值也随之上升。从图 6.40~6.42 可以看出,碰撞角度由小到大上升时,厢式货车对护栏的横向作用力峰值也是依次递增的。总体来说，碰撞角度为 25°时的厢式货车的横向作用力最大，所以其合成加速度平均值较大，而碰撞角度为 15°时，其合成加速度平均值较小。因此，碰撞初始角度较大时，乘员的安全一直受到威胁，所以，此类情况应尽量避免出现。

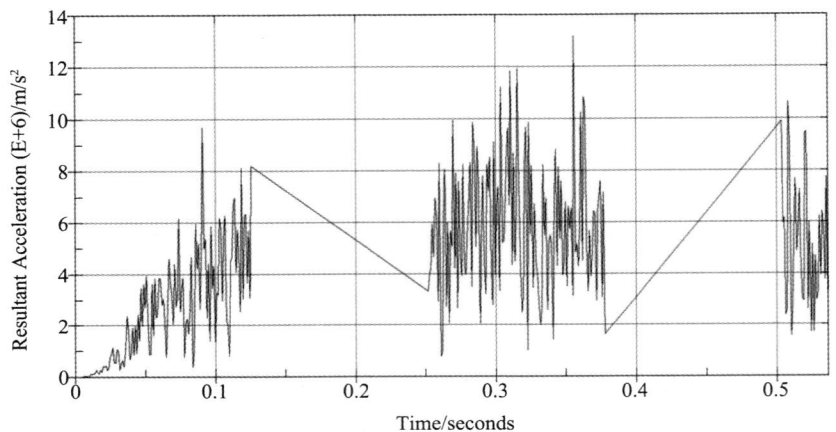

图 6.40　碰撞角度为 15°下厢式货车质心出的合成加速度

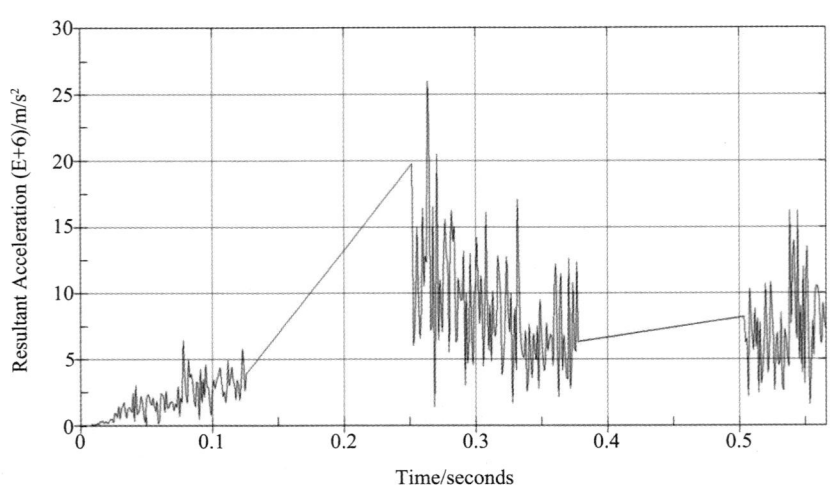

图 6.41　碰撞角度为 20°下厢式货车质心出的合成加速度

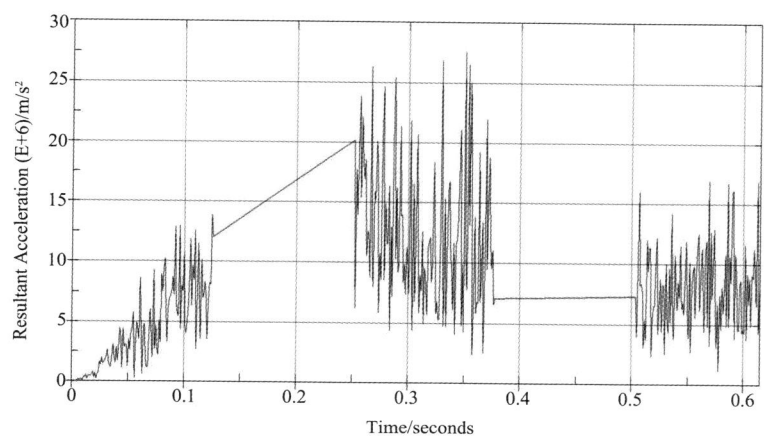

图 6.42 碰撞角度为 25°下厢式货车质心出的合成加速度

同前面一样,将厢式货车的四个节点 2009617、2013368、2026489、2004947 在相同的碰撞速度下,厢式货车在不同碰撞角度下与护栏碰撞的合成加速度的峰值列表比较(见表 6.15),表中表达的是节点在不同碰撞角度下的最大合成加速度。通过比较分析可得,碰撞角度和汽车各节点的最大合成加速度是成正比的,特别是当车辆与护栏间碰撞角度为 25°时,厢式货车的车头部分的构件的合成加速度值最大,尤其是驾驶室的位置,将很可能伤害到乘员的生命安全。

表 6.15 节点在不同碰撞角度下的最大合成加速度 单位:m/s^2

碰撞角度	碰撞速度	2009617（保险杠）	2013368（车门）	2026489（货车车厢）	2004947（货车尾部）
15°	60 km/h	103.77	11.69	2.86	2.09
20°	60 km/h	224.82	13.21	3.62	3.27
25°	60 km/h	236.46	14.56	4.53	4.15

6.4.6 W 型护栏防护能力的改进研究

1. 改进措施的提出

由前面的影响因素试验分析得出,护栏板在各个碰撞情况下都发生了较大的变形,护栏板和防阻块从立柱上脱落下来。这说明护栏板的刚度无法承受厢式货车碰撞的强度要求,各连接件的连接强度无法达到相关的碰撞要求，所以，需要提高护栏的护栏板的刚度以及各连接件的连接强度。

由前面的影响因素试验分析得出，车辆与护栏碰撞过程中，车辆极易受到倒伏的立柱的阻挡，导致车轮运动受阻。从一定程度上来说，车辆速度在一定程度上下降了一定的数值，但是当车辆的初始碰撞速度超过一定数值时，车轮与立柱间的碰撞更激烈，车辆就会有侧翻的可能。同时，还会导致车辆产生巨大的减速度，对车内乘员的生命安全造成伤害。

绊阻的发生与整个护栏的刚度以及防阻块的刚度有关系。随着碰撞过程的持续，当汽车碰撞到波形梁板时，护栏的整个构件都产生变形，此时如果防阻块的强度以及连接强度足够高，车辆就可能不会与护栏构件立柱发生接触，这样车辆就可能顺利地回到正常的行驶道路上。因此，改进防阻块的结构是W型护栏改进的重要部分[131-136]。

在对上述情况发生机理进行分析的基础上，提出了如下几项改进措施，以免上述情况发生：

（1）在现阶段，高速公路上使用最广泛的护栏就是半刚性护栏，而W型护栏是半刚性护栏的代表之一，其中防阻块是波形梁护栏的重要组成部分。随着高速公路的车辆吨位以及速度的不断上升，W型护栏的安全防护性能渐渐达不到目前的安全要求，而根据仿真分析，原来的防阻块也无法达到目前的交通安全需求。所以，防阻块是改善波形梁护栏强度的重要一环，对防阻块的结构进行优化有其现实意义。

目前的防阻块是六边形的，在车辆与护栏发生碰撞过程中，防阻块将受到冲击而发生弹塑性变形，而冲击能量将依靠防阻块的圆角变形来吸收。防阻块的横向长度为T，防阻块的材料屈服强度为δ_s，塑性极限弯矩为M_p，它们之间的关系如公式（6-20）所示：

$$M_p = \delta_s S_P = \frac{1}{4}\delta_s T^2 \quad (6-20)$$

则防阻块的塑性变形能为：

$$E = L M_P \sum_i \phi \quad (6-21)$$

式中，S_P为塑性区对中性轴的静矩（mm）；L为防阻块的高度（mm）；ϕ为各圆角受压弯曲角度（°）。

根据上述公式的分析计算，在相同的碰撞冲击能量下，防阻块的圆角数越多，防阻块的吸能作用越强，所以，提高防阻块的圆角数对改变防阻块的强度是有帮助的。防阻块在护栏中的作用就相当于弹簧的作用，其弹簧弹性系数为：

$$C = \frac{Gr^4}{32nR^4} \qquad (6\text{-}22)$$

式中，G 为材料切变模量；r 为弹簧丝直径；n 为弹簧有效圈数；R 为弹簧直径。

六边形防阻块在受到碰撞的过程中，其变形部位可分为上、中、下三部分，所以其定义六边形防阻块的圈数为三圈；根据式（6-22）可知，弹簧弹性系数增大，弹簧的有效圈数就减小，所以，增加防阻块的圆角可以有效提高其刚度，这也进一步改善了防阻块的吸能作用，其几何尺寸如表 6.16 所示，新型防阻块的结构如图 6.43 所示。可以看出，新型防阻块的有效圈数达到四圈，其强度得到提高，碰撞吸能作用得到提高。

表 6.16　新型防阻块几何尺寸

代号	a	b	c	T	Φ	R_1	R_2	R_3
尺寸/mm	178	89	140	5	60	36	70	10

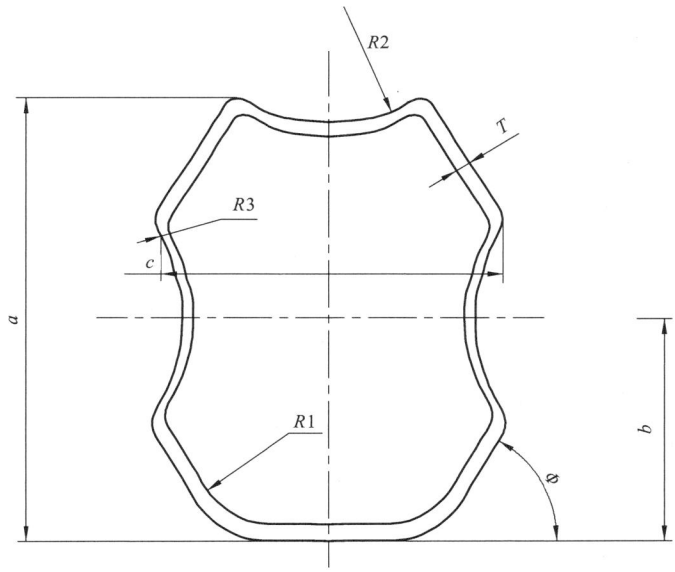

图 6.43　新型防阻块断面图

（2）增加 W 型波形梁板的厚度和块数。增加波形梁板的厚度可以提高波形梁板的抗拉强度，防止波形梁板发生断裂等情况出现。但波形梁板的厚度超过一定数值后，反而对波形梁护栏的安全性能起不到应有的效果。通过有限元仿真试验对比，将波形梁板的厚度仅增加 1.5 mm，即波形梁板厚度为 6 mm；而增加波形梁板的块数能提高护栏的整体吸能，将波形梁板的块数增加到两块。

由上述改装方案得出新型 W 型护栏的三维结构如图 6.44 所示。

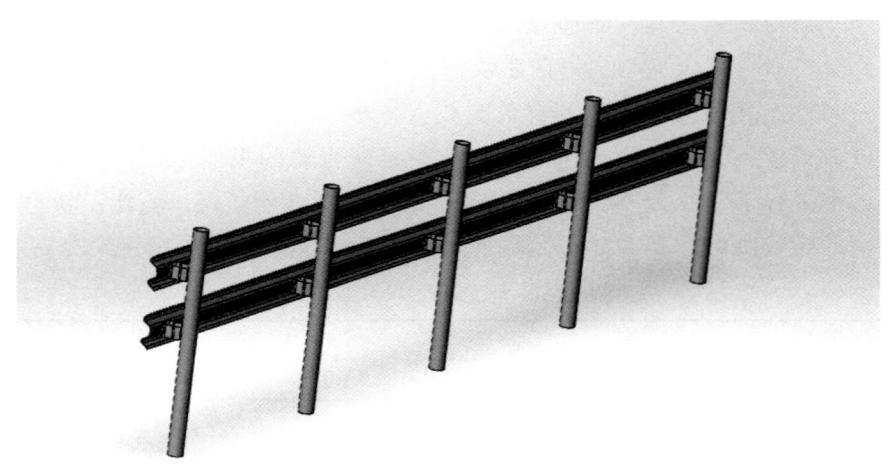

图 6.44　新型 W 型护栏整体结构图

2. 改进后模型的仿真分析对比

对 6.3 节建立"厢式货车-W 型护栏"碰撞仿真体系进行改进，厢式货车与护栏的碰撞条件：厢式货车的初始碰撞速度为 60 km/h，碰撞角度为 20°。将改进的模型仿真分析结果与 6.3 节中的仿真结果对比列表（见表 6.17），其碰撞结果示意图如图 6.45 所示。

表 6.17　各方案下经仿真分析得到厢式货车质心处的合成加速度峰值

方案	碰撞角度 /°	碰撞速度 / km/h	波形梁板厚度/ mm	波形梁板个数/块	防阻块	合成加速度峰值/m/s^2
原方案	20	60	4.5	1	旧防阻块	238.61
改进措施	20	60	6	2	新型防阻块	120.32

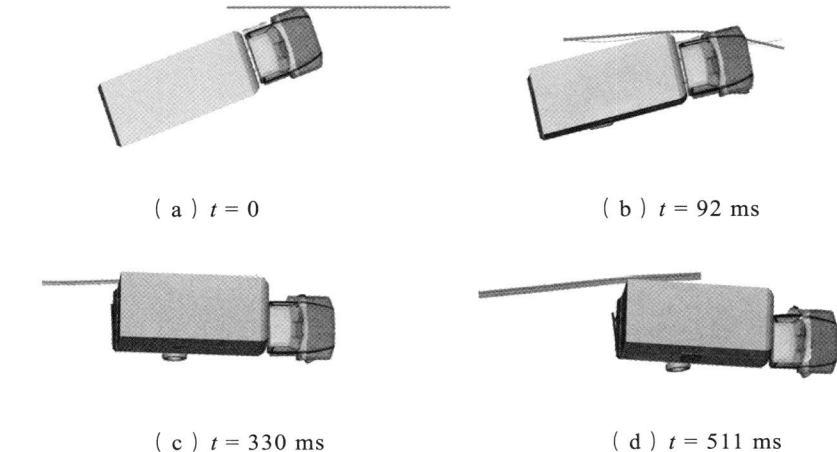

(a) $t = 0$ (b) $t = 92$ ms

(c) $t = 330$ ms (d) $t = 511$ ms

图 6.45 厢式货车碰撞护栏变形情况

由表 6.17 和图 6.45 可知，经改进后，厢式货车与护栏在碰撞过程中均未与护栏立柱发生绊阻，且厢式货车质心处的合成加速度值均有所下降。通过对比分析，改进后的新型 W 型波形梁护栏的合成加速度的最大值相对旧护栏小很多，而且质心处的合成加速度峰值在合理范围内，这说明新型 W 型波形梁护栏能够很好地起到安全防护作用。

参考文献

[1] http://www.hyqcw.com/qiche/toutiao/2019/0115/10335.html, 投资中国.

[2] http://data.stats.gov.cn/easyquery.htm?cn=C01, 国家统计局.

[3] KENNETH C. Energy basis for collision severity[J]. SAE Paper 740565, 1974: 1~4.

[4] WESLEY D. CHARLES H. ROBERT C J. Field application of photogrammetric analysis techniques: Applications of the Fotogram Program. SAE Paper 861418.

[5] ALOKE K P. Crash3 damage algorithm reformulation for front and rear collisions[J]. SAE paper 900098, 1990: 3-5.

[6] YANG, J K. Finite element model of lower extremity skeleton system to lateral impact. Proc. of the IRCOBI Conference, Dublin, Ireland. 1996

[7] RENTSCHLER, W. Digital photogrammetry in analysis of crash tests[J]. SAE Paper 1999-01-0081.

[8] BRIAN A. JOHN D. Reconstruction techniques for energy- absorbing guardrail end terminals. Accident Analysisand Prevention. 2006, 38: 1~13.

[9] DARIO V. Energy loss in vehicle to vehicle oblique impact[J]. International Journal of Impact Engineering. 2009, 36(3): 512~521.

[10] 徐炯, 金先龙, 张晓云, 柴象海, 侯心. 基于现场多元信息的大客车事故再现[J]. 汽车工程, 2010, 32(10): 840-845.

[11] 曹戈. 汽车三维碰撞事故再现分析模型及方法研究[D]. 哈尔滨: 哈尔滨工业大学, 2011.

[12] 陈强, 赵航, 姚春德, 邹铁方. 一种改进的事故再现蒙特卡罗优化算法[J]. 中国安全科学学报. 2012(5).

[13] 张勇刚, 邹铁方, 刘雨. 车-车碰撞事故车辆行驶速度计算两步法

[J]. 公路与汽运. 2013(6).

[14] 张勇刚. 道路交通事故再现及预防关键技术研究[D]. 广州：华南理工大学, 2014.

[15] 谢金坤. 基于事故车辆车身变形的碰撞速度研究[D]. 西安：长安大学, 2015.

[16] 邹铁方, 尹若愚, 易亮, 蔡铭. 基于Pc-Crash的多车碰撞事故再现仿真分步方法[J]. 中国安全科学学报. 2016.

[17] RAYMOND M. BRACH, R. MATTHEW B. A review of impact models for vehicle collision[C]. SAE 1987 World Congress, 1987: 3-7.

[18] 张殿业, 金键, 郭孜政. 道路交通事故预防研究体系探讨[J]. 中国安全科学学报, 2007, 17(7): 132-138.

[19] FUHAO M. Investigation of the injury threshold of knee ligaments by the parametric study of car-pedestrian impact conditions[J]. Safety Science, 2014, 62(2): 58-67.

[20] MCHENRY R R, MCHENRY B G. Revised damage analysis procedure for the CRASH computer program[C]. SAE 1986 World Congress, 1986: 1-2.

[21] MARCUS H, SEBASTIAN L, UWE K. A fuzzy system to determine the vehicle yaw angle[C]. SAE 2004 World Congress, 2004: 1-9.

[22] 朱西产. 应用计算机模拟技术研究汽车碰撞安全性[J]. 世界汽车, 1997, (3): 15-17.

[23] 李江, 吴鹏华, 温纪滨. 汽车碰撞事故计算机模拟的研究[J]. 中国公路学报, 1993, (3): 29-35.

[24] CLIFF W E, MOSER A. Reconstruction of twenty staged collisions with Pc-Crash's optimizer[C]. SAE 2001 World Congress, 2001: 57-61.

[25] MOSER A, STEFFAN H, SPEK A, MAKKINGA W. Application of the Monte Carlo methods for stability analysis within the accident reconstruction software PC-Crash[C]. SAE 2003 World Congress, 2003: 132-138.

[26] 李江, 朱艳秋, 李作敏. 基于人工智能的交通事故处理系统的研究. 中国公路学报, 1999, 12(4): 64-68.

[27] 魏朗, 陈荫三, 石川. 车辆碰撞过程的试验分析研究[J]. 汽车工程,

2000, 22(4): 256-261.

[28] 郭静. 基于 PC-Crash 的车辆碰撞事故再现及其误差分析[D]. 重庆: 重庆交通大学, 2012.

[29] [付锐, 陈荫三, 洪鹏. 汽车追尾碰撞的模拟试验研究[J]. 中国公路学报, 1996, 9(1): 81-86.

[30] 张建, 康长华. 基于碰撞力学的汽车二维碰撞交通事故计算方法[J]. 北华大学学报(自然科学版), 2004, 5(6): 561-564.

[31] 黄勇. 基于 PC-CRASH 的车辆碰撞事故再现仿真分析研究[D]. 重庆: 重庆交通大学, 2009.

[32] 陈振奎. 道路交通事故车速计算方法分析与应用研究[D]. 呼和浩特: 内蒙古工业大学, 2015.

[33] MARCUS H, SEBASTIAN L, UWE K. A fuzzy system to determine the vehicle yaw angle[C]. SAE 2004 World Congress, 2004: 1-9.

[34] 唐觅. 关于汽车追尾事故中的力学研究. 中国人民公安大学学报. 2005: 103~105.

[35] 张健, 康长华. 基于碰撞力学的汽车二维碰撞交通事故计算方法. 北华大学学报. 2004. 12(5): 561~564.

[36] 丁同强. 道路交通事故再现理论模型及方法研究[D]. 吉林大学, 2005.

[37] 裴玉龙, 蒋贤才, 程国柱. 道路交通事故分析与再现技术[M]. 北京: 人民交通出版社, 2010.

[38] 舒鑫. 基于车身变形的汽车碰撞事故再现仿真研究[D]. 南京: 东南大学, 2010.

[39] 黄世霖, 张金换, 王晓冬等. 汽车碰撞与安全[M]. 北京: 清华大学出版社, 2000.

[40] 江守一郎. 汽车事故工程[M]. 北京: 人民交通出版社, 1987.

[41] HIROTOSHI I. Impact model and accident restitution normal and tangential coefficients. SAE 930654, 1993.

[42] 王宏雁, 邵文煜. 基于 Pc-crash 的交通事故再现误差分析[J]. 同济大学学报(自然科学版), 2009, 37(4): 531-535.

[43] 黄靖. 汽车碰撞事故再现中车辆运动与乘员损伤的数值模拟研究[D]. 上海: 上海交通大学, 2005

[44] 程显兵. 汽车碰撞事故再现的仿真[D]. 吉林: 吉林大学, 2011.

[45] STEFFAN H, MOSER A. The collision and trajectory model of Pc-crash[C]. SAE 1996 World Congress, 1996: 86-90.

[46] 邹铁方, 张勇刚, 陈元新. 基于 Pc-Crash 的车辆侧滑事故再现方法[J]. 中国安全科学学报, 2013(01): 77-81.

[47] 李晓梦. 基于驾驶模拟实验的驾驶员紧急避撞行为研究[D]. 北京: 北京交通大学, 2012.

[48] LANG W, BIAO G, TAO C. Vehicle continuous collision accident reconstruction system development[J]. Procedia-Social and Behavioral Sciences, 2013, 7(3): 47-53.

[49] https: //wenku. baidu. com/view/34d45d80f12d2af90242e6bc. html, 百度文库.

[50] 陆玉凯, 金先龙, 黄靖, 候心一. 基于轮胎印迹的事故再现方法研究[J]. 汽车工程, 2006, 28(3): 250-253.

[51] 丁同强. 道路交通事故再现理论模型及方法研究[D]. 长春: 吉林大学, 2005.

[52] 严宝杰, 张生瑞. 道路交通安全管理规划[M]. 北京: 中国铁道出版社, 2008.

[53] 黄靖, 金先龙, 亓文果, 等. 轨迹优化方法在道路交通事故再现中的应用[J]. 农业机械学报, 2005, 36(10): 38-41.

[54] MARCUS H, SEBASTIAN L, UWE K. A fuzzy system to determine the vehicle yaw angle[C]. SAE 2004 World Congress, 2004: 1-9.

[55] 陈云刚. 道路交通事故再现分析系统的研究与开发[D]. 北京: 清华大学, 2000.

[56] 许洪国, 高延令, 陈礼璠. 玻璃碎片抛距理论模型用于推算汽车碰撞速度的研究[J]. 汽车工程, 1995, 17(4): 246-251.

[57] 王华. 汽车间碰撞事故再现的计算机模拟的研究[D]. 长春: 吉林工业大学, 2000.

[58] 裴剑平, 吴卫东. 交通事故再现碰撞模型综述[J]. 交通运输工程学报, 2001, 1(4): 75-78.

[59] MOSER A, STEFFAN H. Automatic optimization of pre-impact parameters using post-impact trajectories and rest position[C]. SAE 1998 World Congress, 1998: 73-77.

[60] 许洪国, 施树明, 潘洪达. 利用动量原理求汽车碰撞速度的方法[J]. 中国公路学报, 1997, 10(1): 105-109.

[61] 包守忠. 车辆碰撞事故仿真与再现研究[D]. 成都: 西南交通大学, 2009.

[62] 张金换. 汽车碰撞安全性设计[M]. 北京: 清华大学出版社, 2010.

[63] 张振光. 汽车碰撞事故再现与安全评价[D]. 广州: 华南理工大学, 2011.

[64] 陈涛. 道路交通事故计算机快速处理与再现系统[D]. 西安: 长安大学, 2000.

[65] 王辰. 基于 pc-crash 的汽车-护栏事故再现研究[D]. 长春: 吉林大学, 2014.

[66] 邹铁方, 张勇刚. 事故仿真再现结果不确定性分析方法[J]. 振动与冲击, 2013, (06): 176-180.

[67] 苏娜. 基于数字化重构的城市交通事故快速处理系统[D]. 重庆: 重庆交通大学, 2014.

[68] 欧贺国, 方献军, 洪清泉等. ADIOSS 理论基础与工程应用[M]. 北京: 机械工业出版社. 2013. 2-3.

[69] 欧贺国, 方献军, 洪清泉等. ADIOSS 理论基础与工程应用[M]. 北京: 机械工业出版社. 2013. 10

[70] Pc-crash. A simulation program for vehicle accidents. Manual. Version6. 2[M], Dr. Steffan Datentechnik, Linz, 2001.

[71] 闫书明, 马亮, 梁亚平, 贾宁. 可导向防撞垫系统碰撞分析[J]. 特种结构, 2012, (06): 99-103.

[72] BATEMAN M B, HOWARD I C, JOHNSON A R, et al. Computer simulation of the impact performance of a wire rope safety fence. International journal of impact engineering, 2001, 25(1): 67-85.

[73] STEFFAN H. Pc-crash technical manual version 7.3 [M]. Linz,

Ausrian: Dr. Steffan Datentechnik, GmbH, 2006.

[74] 魏朗, 郭应时一, 余强. 车辆实车碰撞试验的模拟再现[J]. 西安公路交通大学学报. 2000. 20(1): 1-3.

[75] CAMPBELL K. Energy basis for collision severity. SAE 740565, 1974.

[76] STROTHER C E, WOOLLEY R L, et al. Crush energy in accident construction[C]. SAE860371, 1986.

[77] 方锡邦, 郑月楠. 用于交通事故分析的汽车碰撞模型[J]. 合肥工业大学学报, 2006, 29(2): 423-425.

[78] BRIAN G. The algorithms of crash[J]. Journal of mchenry software, 2001.

[79] MOSER A, STEFFAN H. Automatic optimization of pre-impact parameters using post-impact trajectories and rest positions[C]. SAE 980373, 1998.

[80] KEKHOFF J F, VARAT M S, et al. An investigation into vehicle frontal impact stiffness, BEV and repeated testing for reconstruction[C]. SAE 930899, 1033.

[81] FONDA A G. Energy and major diversion in accident reconstruction[C]. SAE 960888, 1996.

[82] 郭磊, 金先龙, 张晓云, 刘军勇. 基于车身变形的汽车碰撞事故再现方法[J]. 上海交通大学学报, 2008, 42(8): 1334-1336.

[83] 张晓云. 基于车身三维变形的汽车碰撞事故再现研究[D]. 上海: 上海交通大学, 2004.

[84] 金先龙, 张晓云. 交通事故数字化重构理论与实践[M]. 北京: 人民交通出版社, 2007.

[85] 冯文灏. 近景摄影测量—物体外形与运动状态的摄影法测定[M]. 武汉: 武汉大学出版社, 2002.

[86] 马颂德, 张正有. 计算机视觉[M]. 北京: 科学出版社, 1998.

[87] 曹国华, 孙宁. Image Modeler 的汽车碰撞变形区域的三维重建[J]. 汽车工程师, 2009. (11): 32-35

[88] BRIAN J, DAVID E. The accuracy of photogrammetry vs hands-on measurement techniques used in accident reconstruction[J]. SAE international, 2010.

[89] DINESH S, SEYMOUR S, JOHN B. An overview of NHTSA's crash reconstruction software winSMASH[J]. National Highway Traffic Safety Administration, 2007(2): 11.

[90] RAYMOND M, BRACH. Crush energy and planar impact mechanics for accident reconstruction[J]. SAE 980025, 1998.

[91] 王金刚. 汽车碰撞能量网格图及其在事故分析中的运用[D]. 天津: 河北工业大学, 2000.

[92] 董正身, 王金刚, 冀金泉, 赵新顺. 碰撞刚度系数及其在交通事故分析中的作用[J]. 河北工业大学学报, 2001, 30(6): 102-106.

[93] 余松. 基于车辆变形求解碰撞前速度的仿真分析[D]. 重庆: 重庆交通大学, 2012.

[94] 许洪国, 何彪. 道路交通事故分析与再现[M]. 北京: 警官教育出版社, 2000.

[95] 林洋. 实用汽车事故鉴定学[M]. 黄永和: 译. 北京: 人民交通出版社, 2001.

[96] 江守一朗. 汽车事故工程[M]. 刘锡箔: 译. 北京: 人民交通出版社, 1987.

[97] 李楚琳. HyperWorks分析应用实例[M]. 北京: 机械工业出版社, 2008.

[98] 赵海鸥. LS-DYNA动力学分析指南[M]. 北京: 兵器工业出版社, 2003.

[99] 胡志远, 曾必强, 谢书港. 基于LS-DYNA和HyperWorks的汽车安全仿真与分析[M]. 北京: 清华大学出版社, 2011.

[100] 徐文岷. 汽车碰撞过程的有限元数值模拟[D]. 哈尔滨: 哈尔滨工程大学, 2007.

[101] 董学勤. 汽车车架受碰撞载荷下CAE分析与安全性研究[D]. 南昌: 南昌大学, 2008.

[102] 高晖. 汽车接触碰撞仿真的关键技术研究[D]. 长沙: 湖南大学, 2007.

[103] 任光胜. 汽车碰撞事件特性的仿真. 重庆大学学报[J]. 2001(1): 17-19.

[104] 高晖, 李光耀. 汽车碰撞仿真中沙漏控制算法研究[J]. 汽车工程, 2008, 30(8): 671-675.

[105] 赵洋. 汽车车体侧面抗撞性的设计与仿真分析[D]. 长春: 吉林大

学, 2008.

[106] 马铁柱. 某车正面碰撞车身安全性能研究[D]. 长春: 吉林大学, 2012.

[107] 杨浩. 某国产轿车正面偏置碰撞计算机仿真分析[D]. 重庆: 重庆理工大学, 2012.

[108] 刘洋. 基于 LS-DYNA 的汽车正面碰撞计算机模拟仿真[D]. 成都: 西华大学, 2011.

[109] 王良杰. 汽车正面碰撞及防撞结构的吸能特性研究[D]. 上海: 上海工程技术大学, 2013.

[110] 徐文岷. 汽车碰撞过程的有限元数值模拟[D]. 哈尔滨: 哈尔滨工程大学, 2007.

[111] 曹雁超. 汽车碰撞有限元数值建模及仿真. [D]. 济南: 山东大学, 2014.

[112] 张明新. 白车身前端结构安全件的轻量化设计优化[D]. 长春: 吉林大学, 2013.

[113] 杨超, 杜来林. 基于 ANSYS/LS-DYNA 的有限元动力分析应用[J]. 机电产品开发与创新, 2011, 01: 121-122+125.

[114] 曹岩, 方舟. SolidWorks 开发篇[M]. 北京: 化工工业出版社, 2010.

[115] 胡远志, 曾必强, 谢书港. 基于 LS-DYNA 和 HyperWorks 的汽车安全仿真与分析[M]. 北京: 清华大学出版社, 2011.

[116] 张晓倩, 黄小清, 汤立群. 高速公路护栏系统的有限元优化设计[J]. 中国力学学会学术大会, 2005.

[117] 我国的护栏设计条件及波形梁护栏结构机理[J]. 公路交通科技, 1994, 21(5): 78-81.

[118] 丁桦, 贾日学, 储劲草. 汽车与护栏碰撞特性的研究—车与波形梁护栏碰撞过程的力学模型[J]. 中国公路学报, 1996, 9(3): 85-90.

[119] 刘志斌, 周一鸣, 冯联杰. 汽车与护栏碰撞的仿真模型[J]. 中国农业大学学报, 1996, 1(4): 112-118.

[120] 张春波. 基于有限元分析方法的山区高速公路路侧护栏设计[D]. 西安: 长安大学, 2014.

[121] Evaluation of rail height effects on the safety performance of w-beam barriers(NCAC2007-R-003). National Crash Analysis Center, 2007.

[122] 龚剑, 张金换, 黄世霖等. PAM_CRASH 碰撞模拟中主要控制参数影响的分析[J]. 振动与冲击. 2002, 21(3): 18-20.

[123] 姚疆. 汽车与护栏系统碰撞仿真研究[D]. 重庆: 重庆理工大学, 2010.

[124] 毛娟娟. 客车与半刚性护栏碰撞的有限元分析与模拟[D]. 大连: 大连理工大学, 2008.

[125] 葛云飞, 焦学健, 杜现斌等. 电动汽车正面 40%偏置碰撞仿真分析[J]. 农业装备与车辆工程, 2013, 51(6): 54-56.

[126] 孔文, 张铁柱, 赵红, 胡中屿. 基于 HyperWorks 和 LS-DYNA 的客车碰撞仿真分析[J]. 青岛大学学报(工程技术版), 2015, 04: 101-104+115.

[127] 中华人民共和国行业标准(JTG/TF83-01-2004). 高速公路护栏安全性能评价标准[S]. 北京: 人民交通出版社, 2004, 1-37.

[128] 中华人民共和国行业标准(JTG B05-01-2013). 公路护栏安全性能评价标准设施[S]. 北京: 人民交通出版社, 2013, 2-15.

[129] 唐亮, 周青, 王青春. 混Ⅲ碰撞假人有限元模型的改进及应用[J]. 机械工程学报, 2013, 15: 147-152.

[130] 雷正保, 李丽红, 雷沐羲, 陈晨晨. 新型柔性护栏碰撞安全性仿真分析及实车验证[J]. 振动与冲击, 2013, 22: 28-31.

[131] 马文华. 基于交通安全下的公路设计措施[J]. 交通世界(工程技术), 2015, 12: 44-45.

[132] 李慧珍. 高速公路旧有波形梁护栏改造方式探析[J]. 中外公路, 2014, 05: 324-327.

[133] 张晶晶, 赵志忠. 高速公路波形梁护栏改造方案研究[J]. 公路, 2015, 12: 67-70.

[134] 刘航. 济青高速公路波形梁护栏改造技术研究[J]. 公路交通科技(应用技术版), 2014, 12: 414-417.

[135] 刘福军. 波形梁护栏养护及改造适应性研究[J]. 北方交通, 2015, 04: 37-41.

[136] 罗杜波. 高速公路旧护栏改造项目商业计划书[D]. 广州: 华南理工大学, 2014.